JN037398

見るだけで楽しめる！

ニッポンの氷河時代

化石でたどる気候変動

大阪市立自然史博物館 監修

河出書房新社

ニッポンの氷河時代◎目次

第3章 化石の伝言——氷河時代がやってきた！

第4章　森の古文書──植物から読み解く森の歴史

第5章　虫たちの履歴書──現在日本列島の生物相の成立

はじめに

本書は、２０１６年7月16日〜10月16日の81日間にわたって開催された大阪市立自然史博物館第47回特別展「氷河時代―化石でたどる日本の気候変動―」の展示内容と、展示解説書「氷河時代―気候変動と大阪の自然―」を再編し、書き下ろしを加えたものである。

「氷河時代」展が行われた２０１６年の夏は暑かった。暑い野外から冷房の効いた展示室に入ると、最初に待ち構えていたパネルの文章は、このようなものであった。

「氷河時代とは：地球上に大きな氷河がある時代を氷河時代といいます。逆にほとんど氷河のない時代を、無氷河時代といいます。約２６０万年前に始まる新生代第四紀は、南極大陸などを氷河が覆う氷河時代です。つまり現在も氷河時代です。」

このような文章を、汗を拭きながら読んだなら、「こんなに暑いのに氷河時代なの?!」と驚き展示に興味を持つだろうか。それとも、体感とパネルの文章が余りにかけ離れていることに、驚いてしまって、展示内容が頭に入ってこないだろうか。

「氷河時代」展の展示項目は以下の通りであった。

導入・氷河時代とは／気候変動が起きるとどうなるの？／昔の気候はどのようにしてわかるのか？／気候変動はなぜ起こる／地球46億年の気候変動／現在も続く氷河時代―第四紀―／最終氷期の日本列島／最終氷期から現在へ

気候変動という観点で地球の歴史を振り返り、大阪周辺の自然の歴史や現在の自然を捉え直すのに十分な内容であったと考える。しかし、実際に展示をしてみて、理解してもらうのが難しいと感じたのは、地球46億年の歴史は大部分が暖かで、その中にある何回かの寒い氷河時代の中に、特に寒い氷期《ひょうき》と暖かい間氷期《かんぴょうき》があるという「入れ子構造」になっているということであった。本書では、現在の氷河時代に焦点を絞るので、より理解がしやすいのではないかと期待している。また、現在の自然が、氷期・間氷期の気候変動の影響を受けて形作られていることも理解できる章立てになっている。

「氷河時代」展や本書が、現在の地球環境問題に関心を持ち、より深く理解する一助になれば幸いである。

- 本書は大阪市立自然史博物館が 2016年7月16日から 10月16日にかけて開催した第47回特別展「氷河時代─化石でたどる日本の気候変動─」の展示内容、および特別展解説書「氷河時代─気候変動と大阪の自然─」をもとに、新たに書き下ろしを加えて書籍として構成したものです。

- 本書の執筆は、大阪市立自然史博物館の学芸員、元学芸員が行いました。各セクションの末尾に著者名を記載しました。巻末の著者プロフィールにも担当した章の番号が入っています。

- 本書に収録されている図版や写真は、展示や展示解説書で使用したものと異なるものを含みます。また、実際の展示や展示解説書の構成と本書の構成は同一ではありません。

- 本書の執筆者以外に提供していただいた写真には、提供元を記しました。

- 本文における典拠は、文中には特に示さず、巻末の参考文献・引用文献の項目にまとめました。複数の章で参考にした文献は、参考文献・引用文献の項目の最初にまとめて表示しました。複数の文献をもとに作成した図については、参照した文献を参考文献・引用文献の項目にまとめました。

プロローグ

現在も氷河時代！

繰り返す氷河時代

現在は、実は氷河時代なのである。そのような文章を目にしても、「地球温暖化が問題になっているのに、今が氷河時代だなんて」と意外に思う人が大部分だろう。

「氷河時代」とは、地球上に大きな氷河[※1]がある時代のことをいう。実際に、グリーンランドや南極には大きな氷河があることから、現在は氷河時代であるといえる。

氷河時代は、地球の長い歴史の中で、7回以上あったことが知られている。その中には、地球のほとんどが氷に覆われた非常に寒さの厳しい氷河時代があった。一方で、恐竜が暮らしていた1億年前は今よりとても暖かく、南極や北極などの高緯度地方にも植生が広がっていた。大きな氷河がない温暖な時代を「無氷河時代」ともいう。

長い地球の歴史の中では、無氷河時代が大部分で、氷河時代はごく一部分に過ぎないが、生物の大量絶滅の原因になるなど、地球環境や生物に大きな影響を与えた。

約258万年前に始まり現在も続く氷河時代は、現在に近い時代なので、地層や地形、化石から過去の気候変動が詳しく調べられている。その結果、寒冷な氷期《ひょうき》と温暖な間氷期《かんぴょうき》が繰り返す変化の激しい時代であったことが明らかにされている。

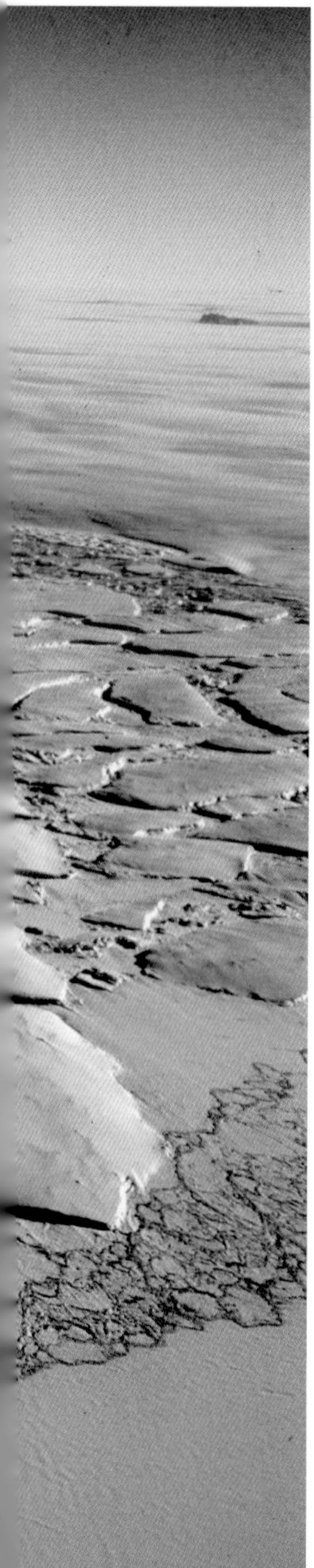

南極のしらせ氷河

昭和基地の南方に位置する。このような陸地を覆う大きな氷河が存在する時代を「氷河時代」といい、地球は現在も氷河時代である。

写真　国立極地研究所提供

写真　松江実千代氏提供

特に最近の約80万年間は、およそ10万年周期で氷期・間氷期を繰り返し、かつ氷期・間氷期での寒暖の差が激しいことが知られている。

7万年前頃から始まった最後の氷期は約1万年前に終わり、現在は氷河時代の中でも暖かい時代で、後氷期と呼ばれている。数万年後には次の氷期がやってきて、私たちが生きている時代もおそらくは間氷期の中に位置づけられることになると推測される。しかし、人類の活動による地球温暖化で、この先の気候変動の予測が難しくなっていると考えられている。

大阪平野やその周辺には、現在につながる氷河時代にたまった地層が分布していて、地層やそこから見つかる化石の研究で、海になったり陸になったりの変化の繰り返しや、森の様子の変化が明らかにされている。

地球史における氷河時代

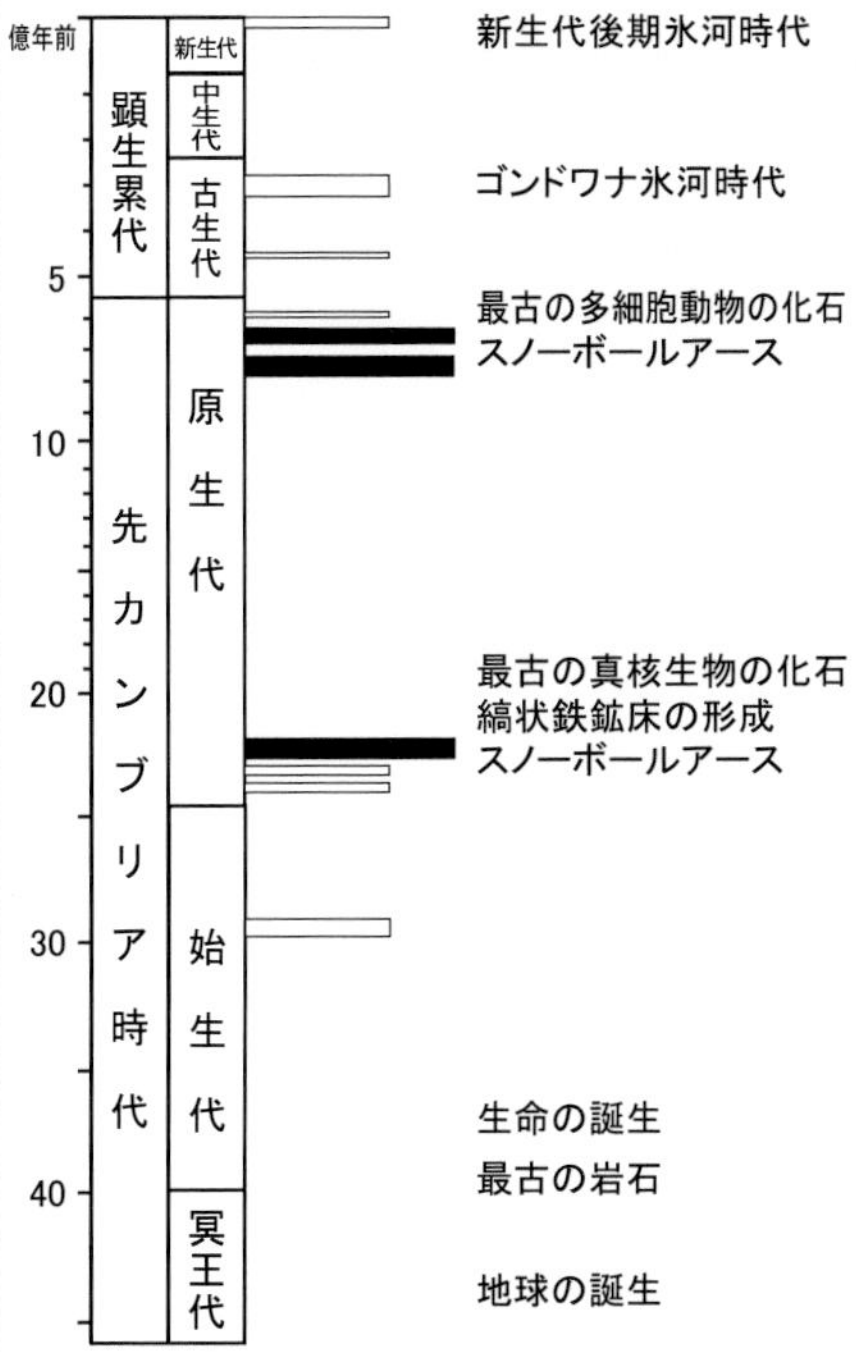

地球上に氷河があった時代を右側の棒グラフで示した。黒で示した3回の氷河時代は、全球凍結の状態になったのではないかと考えられている。先カンブリア時代については確定していないものもあるが、地球史を通じて6～7回の氷河時代があったとみられる。地球史を通じては氷河のない時代の方が圧倒的に長かったことがわかる。

ヘラジカが暮らすところ

ヘラジカは、岩手県や岐阜県で化石が見つかっていることから、最終氷期の日本列島に広く分布していたと考えられている。現在では、北アメリカ大陸北部やユーラシア大陸北部などの北極圏周辺に生息する。右の写真はカナダのユーコン準州。北極圏周辺には、写真のような丈の低い植生に針葉樹が点在する環境が広がる。

ヘラジカ

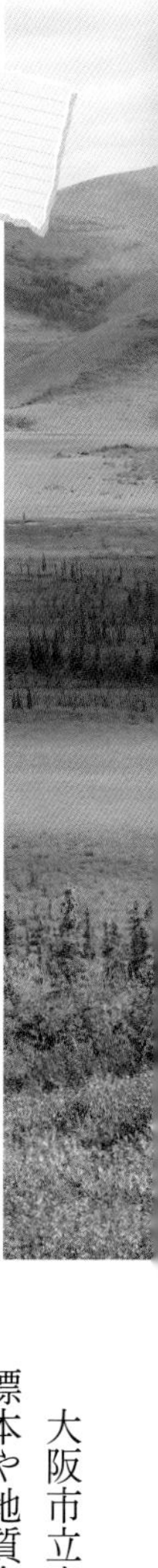

大阪市立自然史博物館には、化石標本や地質資料が多数収蔵されている。これらの収蔵資料を手がかりに、過去の気候変動の歴史を探ってみよう。

地球温暖化が社会問題になっている今、地球の歴史の中での気候変動を知ることが、私たちには必要なのではないだろうか。

（石井陽子）

用語解説

氷河　※1 >>> P10

降った雪が溶けずに残り、圧縮されて氷の塊になったもの。堆積した重みでゆっくりと流動するのが特徴で、その際に岩盤を削って独特の地形を残す。南極やグリーンランドのように陸地を広く覆うような氷河は「氷床（ひょうしょう）」ともいう。

北極と南極はどう違う？

北極には陸地がなく、海の上に氷が浮かんでいるのに対し、南極は大陸で、陸地の上を氷河が覆っている。北極の氷の厚さは最大で10m程度だが、南極の氷河の厚さは平均2400mもある。海よりも陸のほうが冷え込むので、平均気温も南極のほうが低い。北極の氷は海の上に浮かんでいるので、氷河ではなく海氷という。現在の地球上に大きな氷河があるのは、南極大陸とグリーンランドの２カ所である。

また、生物相も異なる。北極はホッキョクグマやトナカイなど、周辺大陸を含めて動物が分布しているのに対し、南極は完全に孤立した大陸であるため、陸上生活をする哺乳類はおらず、ペンギン、アザラシ、オットセイなどがいる。

航空機から撮影した南極大陸。

写真　NASA/Goddard/Maria-Jose Vinas

ケナガマンモスの全身骨格模型

氷河時代といえば、ケナガマンモスを思い浮かべる人も多いだろう。ケナガマンモスは、最終氷期にはサハリンを挟んで陸続きになった北海道にも分布を広げた。写真は、ロシアのシベリア地方で発掘された個体のレプリカ（国立科学博物館所蔵）を、大阪市立自然史博物館の2016年度特別展「氷河時代」で展示した時のもの。同じものが大阪市立自然史博物館の本館第２展示室にも展示されている。

異常気象と気候変動は異なる

気候変動というと、時々起こる猛暑や集中豪雨、豪雪や暖冬などの異常気象のことを思い浮かべる人も多いだろう。異常気象とは、ある場所での直近数十年間の平均的な気温や降水量などに対し、それとは異なるまれに起きる現象や状態のことをいう。

一方、気候はある場所での数十年間の気象観測データを平均したものであり、気候変動とは少なくとも数十年以上の時間スケールでの気候の変化のことである。つまり、異常気象と気候変動とは異なるものである。しかし、例えば猛暑が何年か続き、数十年後に振り返ってみたら、実は平均気温が上昇していたことがわかるということもあり得る。

今の時点では、最近起きた個別の異常気象が気候変動と関係しているかどうか評価することは難しい。

（石井陽子）

第1章
あなたの隣の「氷河時代」

氷河時代といえば…

こんなところに？ポツンと「氷河時代」!!

岳沢カール

北アルプスの玄関、上高地の河童橋からも見ることができる。最終氷期には氷河があり、氷河が流れることによって、岩盤にスプーンでえぐったような地形が刻まれた。

氷河時代の中でも特に寒い氷期《ひょうき》が訪れた時、日本列島もかなりの寒冷化に見舞われた。

現在の日本列島で暮らしている生き物や、残された地形や地層から、氷期の様子をうかがい知ることができる。

ライチョウ

ユーラシア大陸北部に広く分布する。日本では北アルプス、南アルプスなど、中部地方の高山にのみ生息する。日本のものは世界的に見ると最南端で、他の分布域からは隔離分布しているため、氷期の遺存種であると考えられる。

だけじゃない！

何気ない樹木、小さな虫、
静かに揺れる草、
地面にできた割れ目……。
そんな所にも、氷期の痕跡が
ポツンと残っているのである。

北海道！
来てよかった〜、
雄大な眺め！

宗谷丘陵

なだらかな丘陵が印象的な、北海道・宗谷丘陵（稚内市）の眺め。この地形は、寒冷な氷期に地中の水分が凍結と融解を繰り返すことで作られた。>>> P24 ④

地割れ？

凍結割れ目

北海道大雪山系には永久凍土が残っており、夏でも地中は0℃以下。そのため、このような凍結割れ目ができる。>>> P24 ⑤

化石凍結割れ目

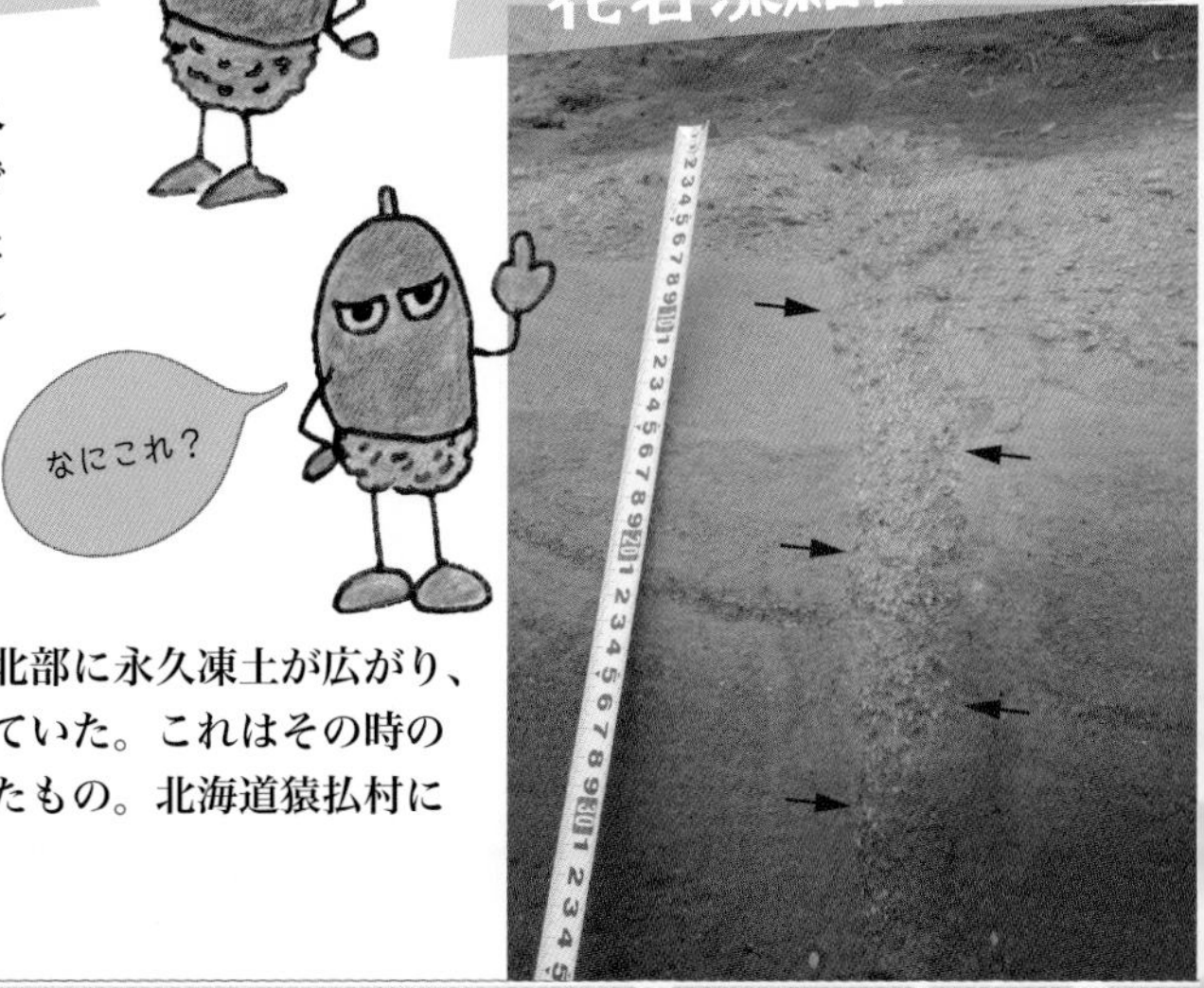
なにこれ？

最終氷期には、北海道北部に永久凍土が広がり、凍結割れ目が形成されていた。これはその時の割れ目が現在まで残ったもの。北海道猿払村にて。>>> P24 ⑥

大台ケ原の針葉樹林

紀伊半島の大台ケ原には、ウラジロモミとブナの混交林、トウヒ林など、寒温帯の針葉樹林が多様に残る。厳寒の最終氷期最盛期には、このような森林が日本列島の低地にまで広がっていたと考えられる。>>> P68

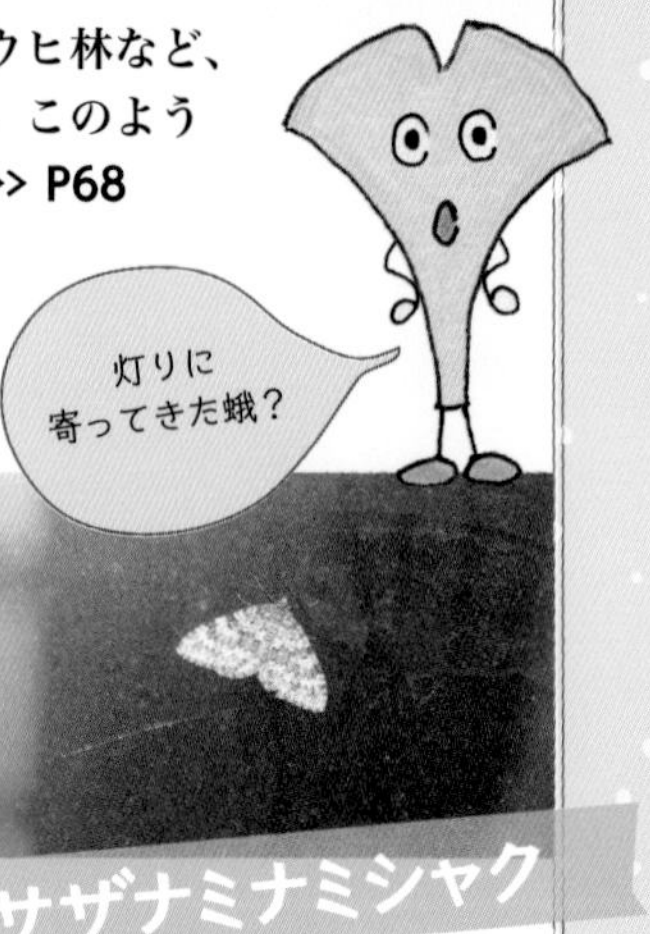

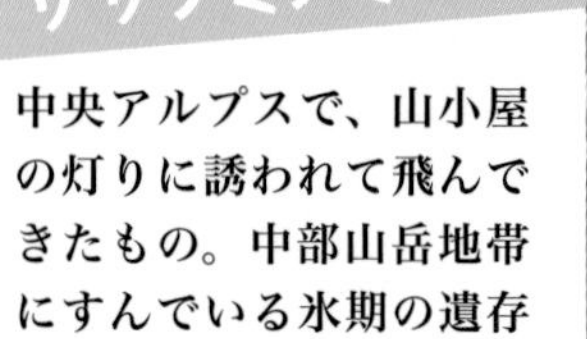

ダイモンテントウ

世界中で日本アルプスの標高 2500 m以上の地帯にしかいないテントウムシ。氷期にやってきて、その後、この地で独自の進化を遂げていったものと思われる。>>> P93 ⑨

サザナミナミシャク

中央アルプスで、山小屋の灯りに誘われて飛んできたもの。中部山岳地帯にすんでいる氷期の遺存種だ。>>> P92 ⑦

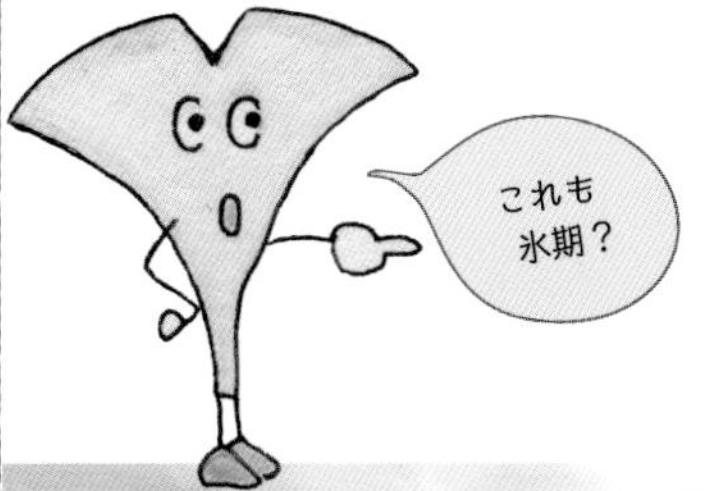

深《み》泥《ぞろが》池《いけ》

京都市内の深泥池は雑木林に囲まれた静かな池だが、氷期に由来するミズゴケの浮島(左)、ミツガシワ(右)などの植物が数多く分布している。>>> P82

ミヤマハンミョウ

東日本の寒冷地にすむ昆虫だが、徳島県の剣山にのみ局地的に分布している。温暖地にも見られる氷期の生き残りだ。>>> P93 ⑩

お寺の後ろに広がる林

最終氷期が終わり、温暖になってくると、写真のようなシイ・カシ林が増えるようになった。それまでの寒い時代には房総や紀伊半島の南端にしか分布していなかった、これらの木々は、一体どこからやってきたのだろうか？　>>> P78

ギィーーーー

鳴くんだよね

湿地の周囲に残る絶滅危惧種

湿地環境は気候変動に大きな影響を受ける環境の一つだ。降水量だけでなく、気温も関係する。最終氷期のように温度が低ければ、樹木の生育も悪くなり、蒸散量も少なく、海水準が低下して平野が広がり湿地は形成されやすい。逆に温暖な時期には湿地が陸化するなど、湿地の生き物は絶滅危惧種となりやすい。写真はサギソウ 。>>> P83

写真　横川昌史学芸員提供

エゾゼミ

北海道で見られるセミ。氷期には関東や関西の平野にもいたが、氷期が終わって温暖になってからは本州や四国の標高のある山地に分布が限られるようになったと考えられている。

>>> P94 ⑬

北極圏の花が
日本に
生えてるの!?

チョウノスケソウ

北半球の高緯度地方や高山に分布。日本では、氷期に分布を広げたものが北海道や中部山岳地帯などの高山で生き残っている。属名の *Dryas*（ドリアス）は、最終氷期末期の寒の戻りの時期の名前に使われている。（アラスカ州、アンカレッジ市フラットトップマウンテン〔1053 m〕の山麓、標高 800m 付近で撮影）>>> P61、P82

写真　松江実千代氏提供

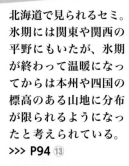

第2章
過去の気候変動を探るには

地形や地層から探る氷河時代

1 カール（圏谷）

木曽駒ヶ岳（長野県）の千畳敷カール。最終氷期にこの地を覆っていた氷河が谷を削り取り、スプーンでえぐったような独特な地形を作った。圏谷とも呼ばれる。

2 カール（圏谷）とモレーン

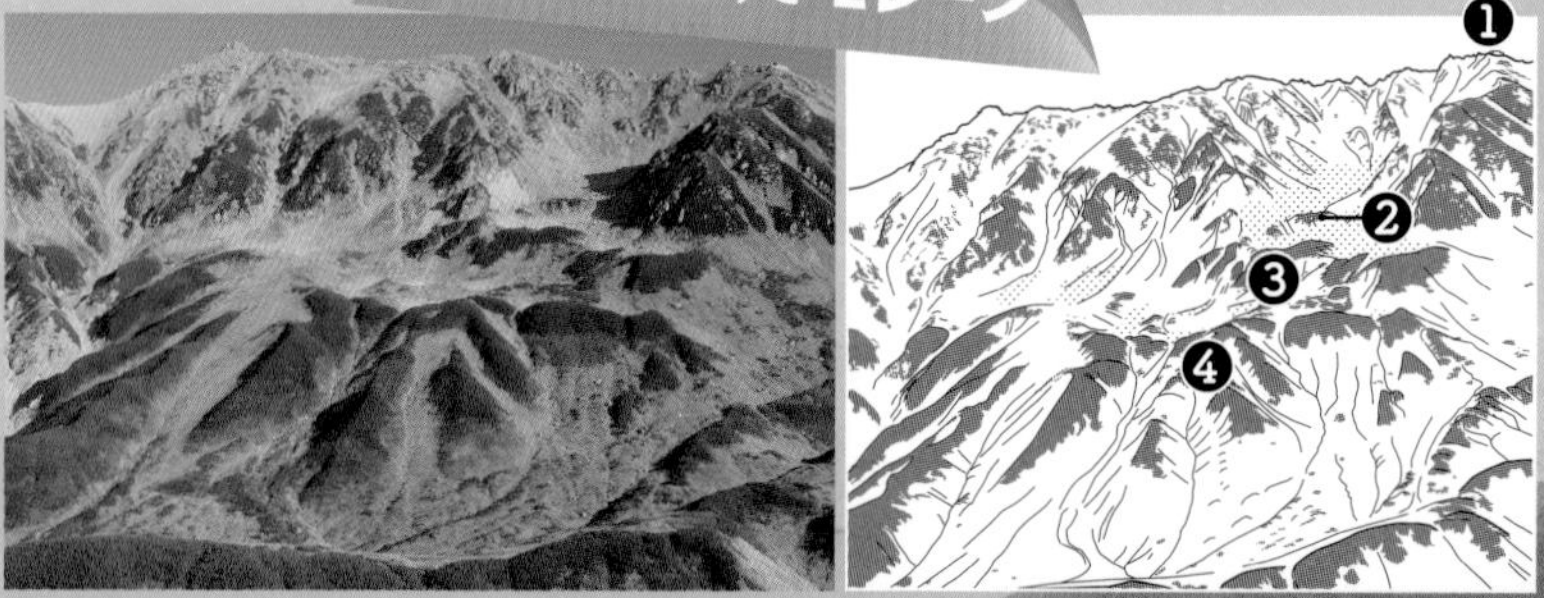

北アルプスの立山連峰にある山崎圏谷（カール）。カールの出口をふさぐように、丘のような高まりの地形であるモレーンがある。氷河が溶ける時にはモレーンを残すが、氷河が大きくなる時には、モレーンは氷河に壊されてしまうことが多い。この写真の中では、少なくとも三つのモレーンがあることがわかる。図解の❶が雄岳、❷〜❹がモレーン。

過去の気候について知るには、地形や地層そのものや、地層に含まれる化石や様々な成分を調べる必要がある。調査や研究をしやすいのは、陸上に分布している地形や地層だが、陸地の地形や地層は風化や浸食によって失われていることが多く、連続的な気候変動を研究するにはあまり向いていない。

それに対し、深い湖や海には陸地に比べて連続して細かい泥の地層がたまっていることがあるので、そのような場所でボーリングコア（55ページ参照）を採取して、研究を行う。

また、氷河の氷も地層と同じように研究の対象とされる。過去の気候変動は、そのような様々な対象から得られた研究成果の積み重ねで解明されてきた。

3 南米パタゴニアの山岳氷河

氷河はその重みでゆっくりと流動する。南半球で南極大陸に次いで大きな氷河であるパタゴニアの山岳氷河でも、氷が湖に押し出され、流出して氷山となる様子が見られる。近年、地球温暖化により、ここでも氷河の融解は急速に進んでいる。

4 周氷河地形

北海道の道北地方など、高緯度の寒冷地に見られる地形。地中の水分が凍結と融解を繰り返すことで、岩石が砕かれ、また土砂が谷を埋めていき、なだらかな丘陵地帯となる。写真は宗谷丘陵（北海道稚内市）。

用語解説

日本アルプスとは？

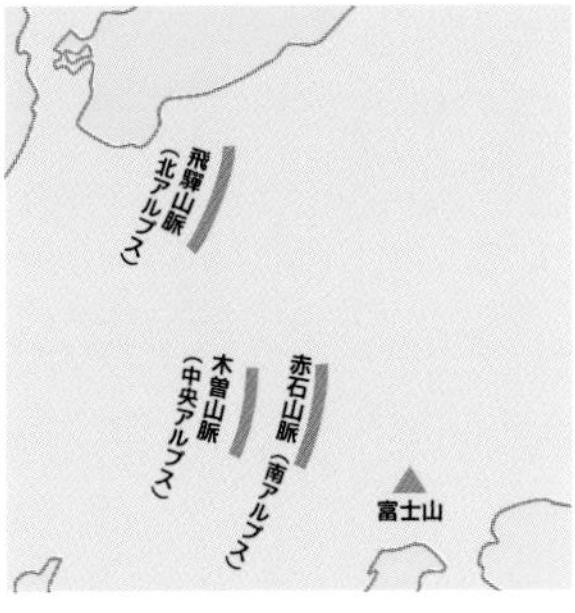

日本アルプス　※1 >>> P23

本州の中部地方を南北に走る、飛騨山脈（北アルプス）、木曽山脈（中央アルプス）、赤石山脈（南アルプス）の総称。3000m級の山々が連なり、多くの氷河地形が存在している。

気候変動の直接の証拠である氷河地形やその堆積物が研究の対象となる。氷河ができて岩盤を削ることで、U字谷や圏谷《けんこく》（カール）❶ができる。U字谷がある地域が沈降して、U字谷に海が入り込むと、北欧で見られるフィヨルドになる。日本では典型的なU字谷は見られないが、日本アルプス[※1]や北海道の日高山脈には圏谷がある。

　氷河が流れる時には岩盤を削り大量の土砂が運ばれる。氷河が谷を削ってできた土砂は、氷河の末端にた北海道大雪山系・北海平周辺に見られる。大雪山系では一年中0℃以下の地盤である永久凍土が残っていることが知られており、この凍結割れ目はその証拠である。

5 凍結割れ目

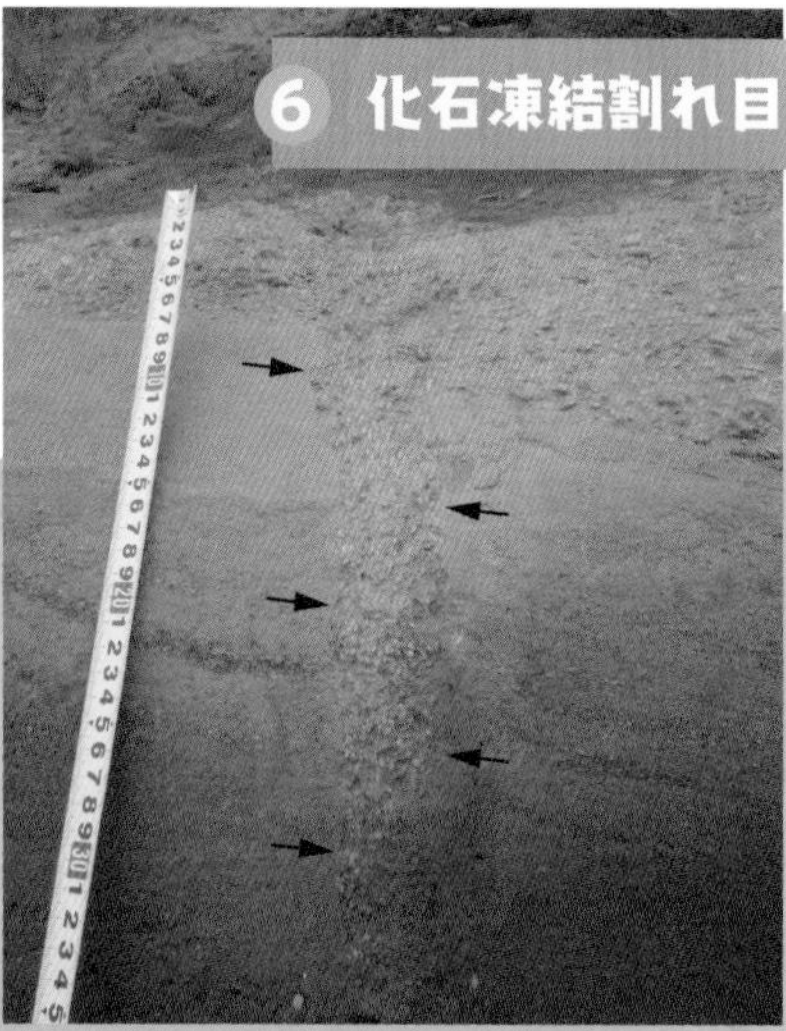

6 化石凍結割れ目

最終氷期の北海道北部には永久凍土が広がり、凍結割れ目が形成されていた。写真は北海道猿払村で。現在は割れ目が広がったりすることはないので、化石凍結割れ目とも呼ばれている。矢印が割れ目の両側の壁。割れ目には周囲から落ち込んだ砂礫が詰まっている。

溶けたり
固まったりの
繰り返しで
できたのか

まりモレーンと呼ばれる丘を作る❷。モレーンを作るのは大きな礫《れき》から粘土までの様々な大きさの粒が雑多に混じった土砂からなる地層で、これが岩石になったものを氷礫岩《ひょうれきがん》と呼ぶ。

氷河が海に到達すると、崩れて氷山になる❸。礫や砂を含んだ氷山が沖に流れていって溶けると、礫や砂が海底に落ちて堆積する。広い海の沖には普段は泥がたまるので、礫や砂を含む地層があると氷山が流れてくるような寒い時代にたまったと推定することができる。

寒冷であっても降雪量が少ないと氷河はできないが、代わりに周氷河地形❹という独特の地形ができることがある。地表部分が凍結と融解を繰り返すと岩石が細かく砕け、こうしてできた土砂が凍結と融解の繰り返しによって動いて地面の凹凸がなくなり、道北地方に見られるような

氷河性海面変動の仕組み

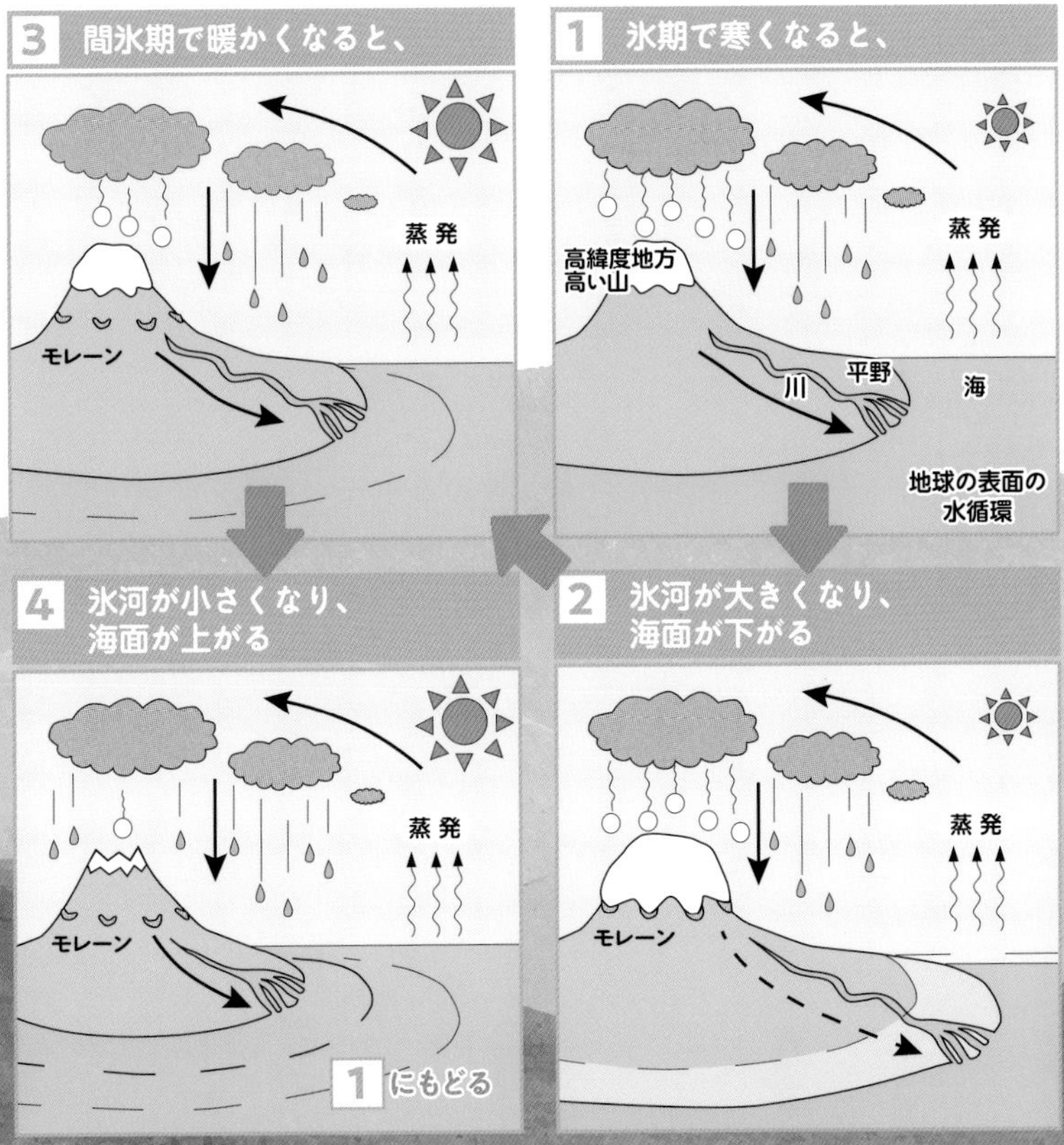

各コマの太陽の大きさは日射量を、山の上に描かれている氷河は、高緯度地方や高山にある氷河を表している。地球表面の水の量はほぼ一定なため、氷河が大きくなると海の水が減り、小さくなると海の水が増える。このような海面高さの変動は、氷河があまり発達しない中緯度や低緯度の地域にも影響を及ぼす。

非常になだらかな丘陵ができる。

また、凍結融解を繰り返すことにより、粗い礫が地表に運ばれ、一方で細かい泥や砂がその下に落ち込んでいくことで、多角形や縞模様の構造土ができることがある。凍結融解の繰り返しで、地層の中に割れ目や地層の変形が残されることもある。⑤⑥

氷河の増減と海面の変化

気候変動により氷河の大きさが変わると、海水の量が変化し、海面の高さが上下する。地球上の水の量はほぼ一定なので、温暖になると氷河が溶け、海水が増えて海面が高くなる。寒冷になると氷河が大きくなり、海水が減って海面が下がる。このような海面の動きを、氷河性海面変動という（上の図）。

段丘地形は、地殻変動による隆起と氷河性海面変動の影響によってできる。川によって平野が作られている地域では、氷期《ひょうき》に海面が下がると川による浸食が進んで谷ができ、平野だった部分が段丘になる。間《かん》氷期《ぴょうき》に海面が高くなると削られた谷を埋めるように平野ができる。隆起する傾向が続いている地域だと、陸地の隆起と海面変動が組み合わされて何段もの段丘ができる。

大阪平野では、海成粘土層⑦と河川成の地層が交互にたまっているが、これも氷河性海面変動の影響によるものである。

段丘のでき方

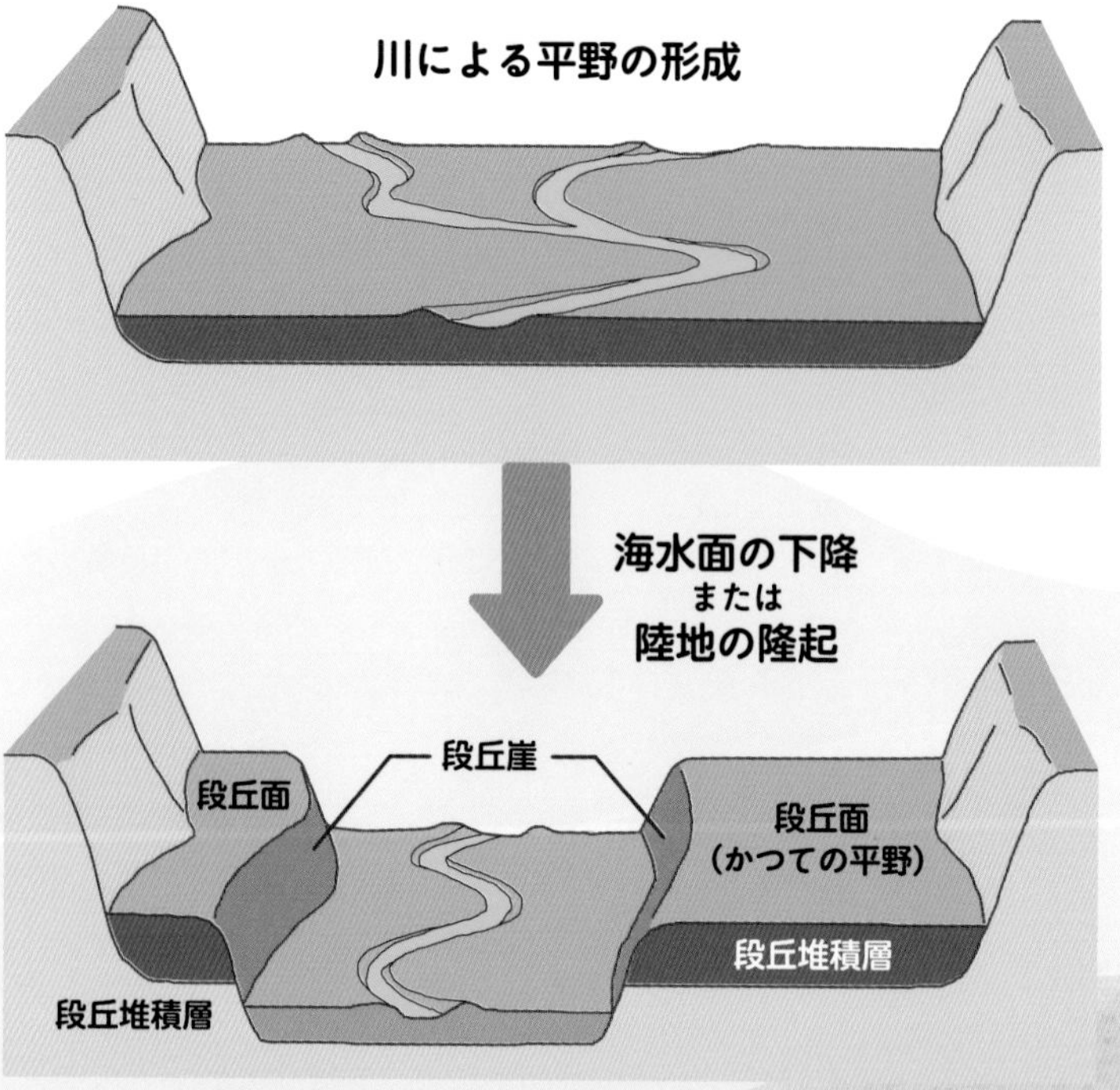

段丘とは平野より高く、平らな面（段丘面）と急な崖（段丘崖）からなる地形である。段丘の形成には、地震などの地殻変動とともに、気候変動による海水面の上昇・下降が大きく関わっている。

化石から環境を推測

過去に生きていた生き物の遺骸である化石からも過去の気候変動の研究が行われる。生き物は環境によって住み分けしているため、化石となった生き物から過去の気候を含む環境を推測することができる。

例えば、植物には寒い所に生える種類や暖かい所に生える種類があり、葉や実、種、材、花粉が化石になる。地層から見つかる植物化石を調べ、その地層がたまった頃に生えていた植物の種類の組み合わせを明らかに

7 海成粘土層

大阪府内で観察された海成粘土層。細かく割れている部分が海成粘土層である。大阪府和泉市の光明池で。

同じ地域だけど、
寒い時代と
暖かい時代が
あったんだね

9 シラカバ

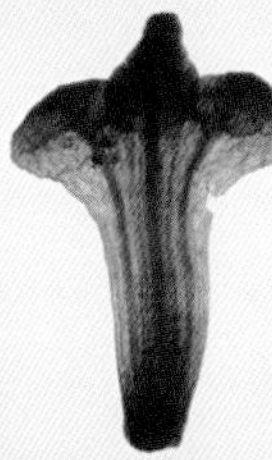

高冷地に見られる落葉広葉樹。大阪の約90万年前の地層から確認されている。写真はシラカバの果鱗（球果につく鱗片）の化石。

8 タイワンスギ

現生種は台湾と中国南西部などに分布する常緑樹。大阪では340万年前頃まで化石が見つかっている。

して、気候を推定する。

現在寒い所に生えている植物の化石が見つかれば寒い気候⑨、現在暖かい所に生えている植物の化石が見つかれば、暖かい気候⑧だったことが推定できる。落葉広葉樹と常緑広葉樹の割合も、手がかりにすることができる。

葉や枝、実や種などに比べ、花粉は非常に粒が細かく、特に風媒花だと大量に生産される。また、花粉の膜は分解されづらいため、化石として残りやすい。地層から連続的に試料を採取し、薬品処理をして花粉化石を取り出し、プレパラートにして同定して変化を調べると、連続的な気候変動や環境変遷を明らかにすることが可能となる。ただし、花粉で可能なのは属レベルまでの同定なので、種まで同定できる葉や実などの化石と組み合わせて研究する必要がある。

⑩ 酸素同位体と気温(氷期・間氷期)の関係

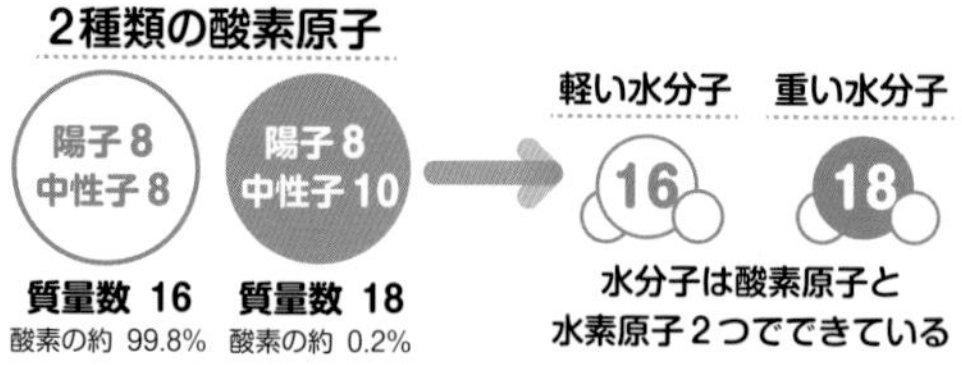

酸素原子には軽いものと重いものがある。そのため、軽い水分子と重い水分子が存在する。

Aが間氷期、Bが氷期を表す。どちらのコマにも軽い水分子が80個、重い水分子が20個ある。重い水分子は蒸発しにくく、軽い水分子は蒸発しやすい。このため、Aの間氷期と、Bの氷期では、海に含まれる水分子の割合が異なってくる（図では、わかりやすくするために数を多く表現した。実際の重い水分子は全体の約0.2％である)。

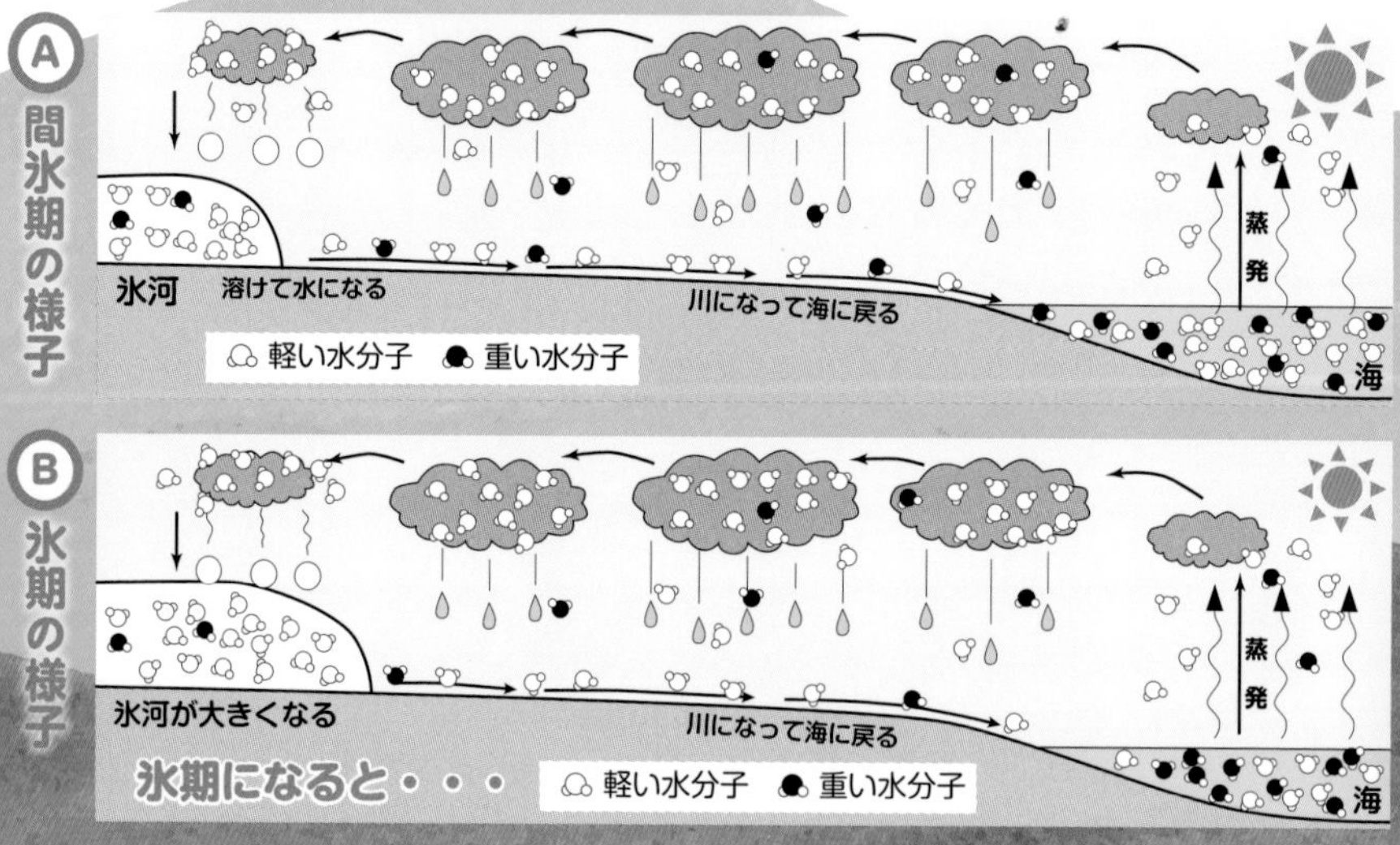

酸素同位体でわかる気候変動

私たちが呼吸して身体に取り込んだり、植物の光合成によって生み出されたり、水や二酸化炭素、貝殻などの材料の炭酸カルシウムに含まれる酸素からも、過去の気候変動を調べることができる。⑩

酸素の原子核は8個の陽子と8個の中性子からできていることが大部分であるが、ごくまれに10個や9個の中性子を持つものがある。これら3種類の酸素原子は放射性壊変せずに安定して存在し、これらをまとめて酸素同位体と呼ぶ。

これらは化学的な性質は同じであるが、重さが違うために自然界での動きがわずかに異なる。水分子は、酸素原子一つと水素原子二つでできている。酸素同位体には質量16、17、18のものがあり、水素原子2個と3

⑪ 年縞

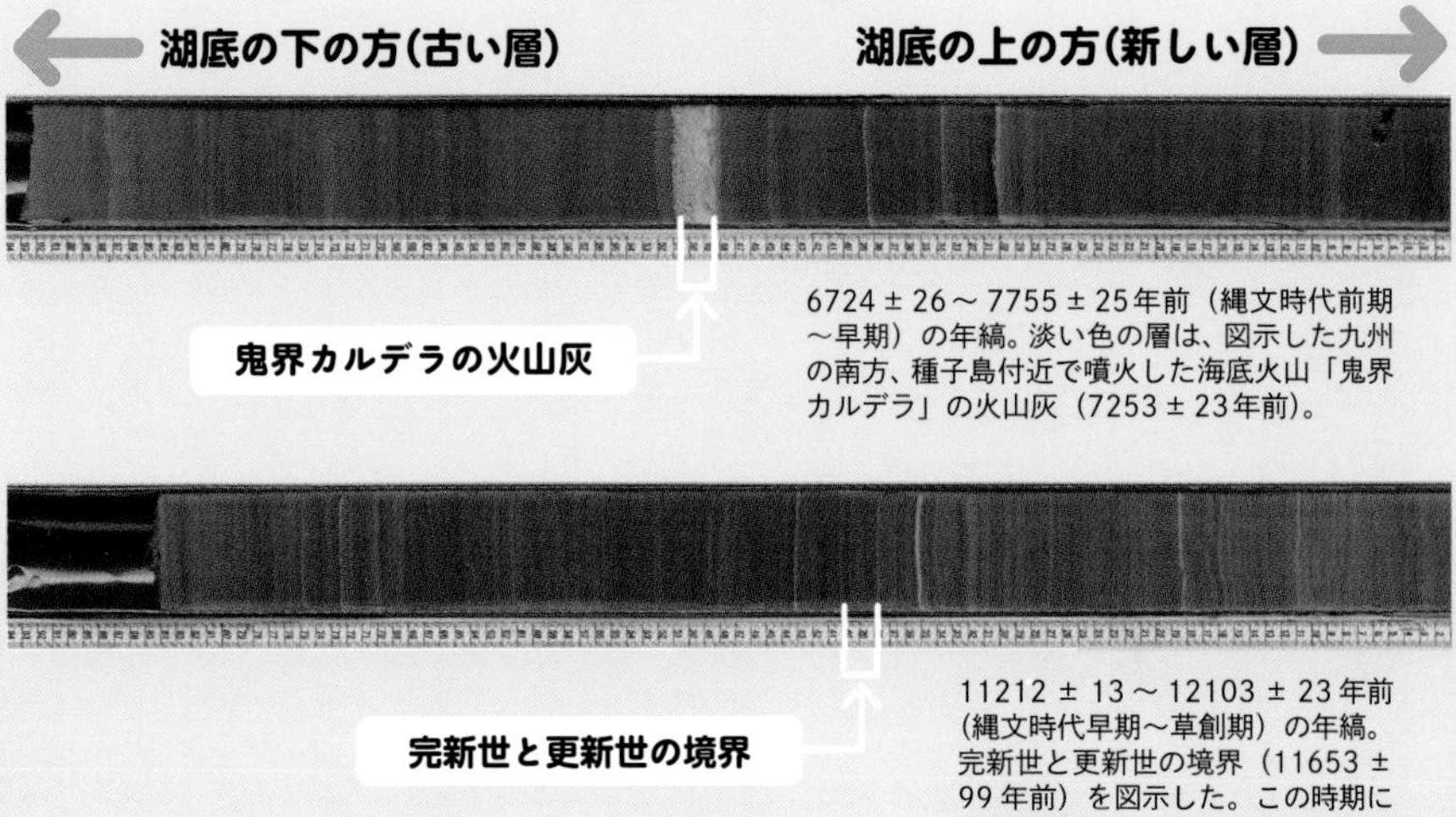

6724 ± 26 ～ 7755 ± 25年前（縄文時代前期～早期）の年縞。淡い色の層は、図示した九州の南方、種子島付近で噴火した海底火山「鬼界カルデラ」の火山灰（7253 ± 23年前）。

11212 ± 13 ～ 12103 ± 23 年前（縄文時代早期～草創期）の年縞。完新世と更新世の境界（11653 ± 99 年前）を図示した。この時期に氷期が終わり、温かく安定した時代が到来した。

水月湖（福井県）の湖底には7万年分、45m もの泥の地層が堆積している。季節によって湖底にたまるものが異なるため、1年1年が縞のようになって残されている。地層に含まれているプランクトンや植物の花粉、火山灰、黄砂などを分析することで、それぞれの時代の環境や気候変動を知る手がかりとなる。

写真　福井県年縞博物館提供（2点とも）

種類の重さの異なる酸素同位体からなる水分子がそれぞれ存在する。質量数16の酸素が99・8パーセント、質量数18の酸素が0・2パーセント、質量数17の酸素はごくわずかである。質量数16の酸素原子を持つ水分子はより軽いので、蒸発して水蒸気になりやすく、質量数18の酸素原子を持つ水分子はより重いので、蒸発しづらい性質がある。

このような異なる重さの水分子からなる海水が、気候変動の影響を受けると以下のようなことが起きる。

温暖な時期には、軽い酸素を持つ水分子がどんどん蒸発して雲になり、雨になって地上に降り注ぎ、川を経て海に戻る。⑩-Ⓐ

寒冷な時期になると、軽い酸素を持つ水分子が蒸発して雲になり、寒冷な地域で雪となって降り、溶けずに氷河になって、海に戻ってくることができなくなる。そうすると、海

には軽い酸素を持つ水分子が減って、重い酸素を持つ水分子が増えることになる。⑩―Ⓑ

つまり海水の質量数16の酸素と質量数18の酸素の割合の変化を調べると、気候の変化を明らかにすることができるのである。

化石に閉じ込められた気候の記録

昔の海水を調べることはできないので、代わりに海の底で暮らしていた有孔虫という炭酸カルシウムの殻を持つ微生物の化石で酸素同位体の割合を調べる。殻を作る炭酸カルシウムの炭酸は海水の水分子と海水に溶け込んだ二酸化炭素でできているためである。

世界各地の深海底で掘削されたボーリングコアで酸素同位体の割合の変化が調べられ、時代を追ってその変化を明らかにしたものが、酸素同位体比層序である。有孔虫だけでなく、サンゴや貝、植物などの様々な化石や、氷河を掘削して手に入れる氷床コアの氷でも分析が可能である。

氷河を掘削して得る氷床コアには、氷河の元になった雪が降った時の空気がそのまま気泡として取り込まれている。その気泡の成分を調べることで、雪が降った時の大気の成分がわかるので、メタンや二酸化炭素などの温室効果ガスの濃度から気温を推定することもできる。

湖沼の地層から探る

湖沼の地層の中には、1年単位の地層が縞模様になって残ることがある。この1年単位の地層の縞模様は年縞《ねんこう》⑪と呼ばれ、季節変化の影響で作られる。湖沼の底にすむ生き物によってかき乱されたり、流入河川から勢いよく土砂が流れ込んできたりするような場合には、年縞は残らない。年縞が残るのは、特殊な条件が重なった場合に限られる。

福井県の水月湖《すいげつこ》では7万年前までの年縞が確認されている。水月湖の年縞は、繁茂する微生物の種類や、堆積する物質が季節によって変化することによりできた。水月湖の年縞は、氷期には厚さ0・6ミリ、間氷期には1・2ミリと変化する。層が薄いため1年ごとの気候変化の解明は難しいが、分析する試料が何年分の地層なのかがわかる。水月湖の年縞の花粉化石の分析では、数十年単位の詳細な気候変動が明らかにされている。また、水月湖の年縞から得られた葉の化石が、炭素14年代の補正に使われている。

（石井陽子）

第3章
化石の伝言——氷河時代がやってきた！

知ってた？

大阪は、氷河時代を知る絶好のスポット⁉

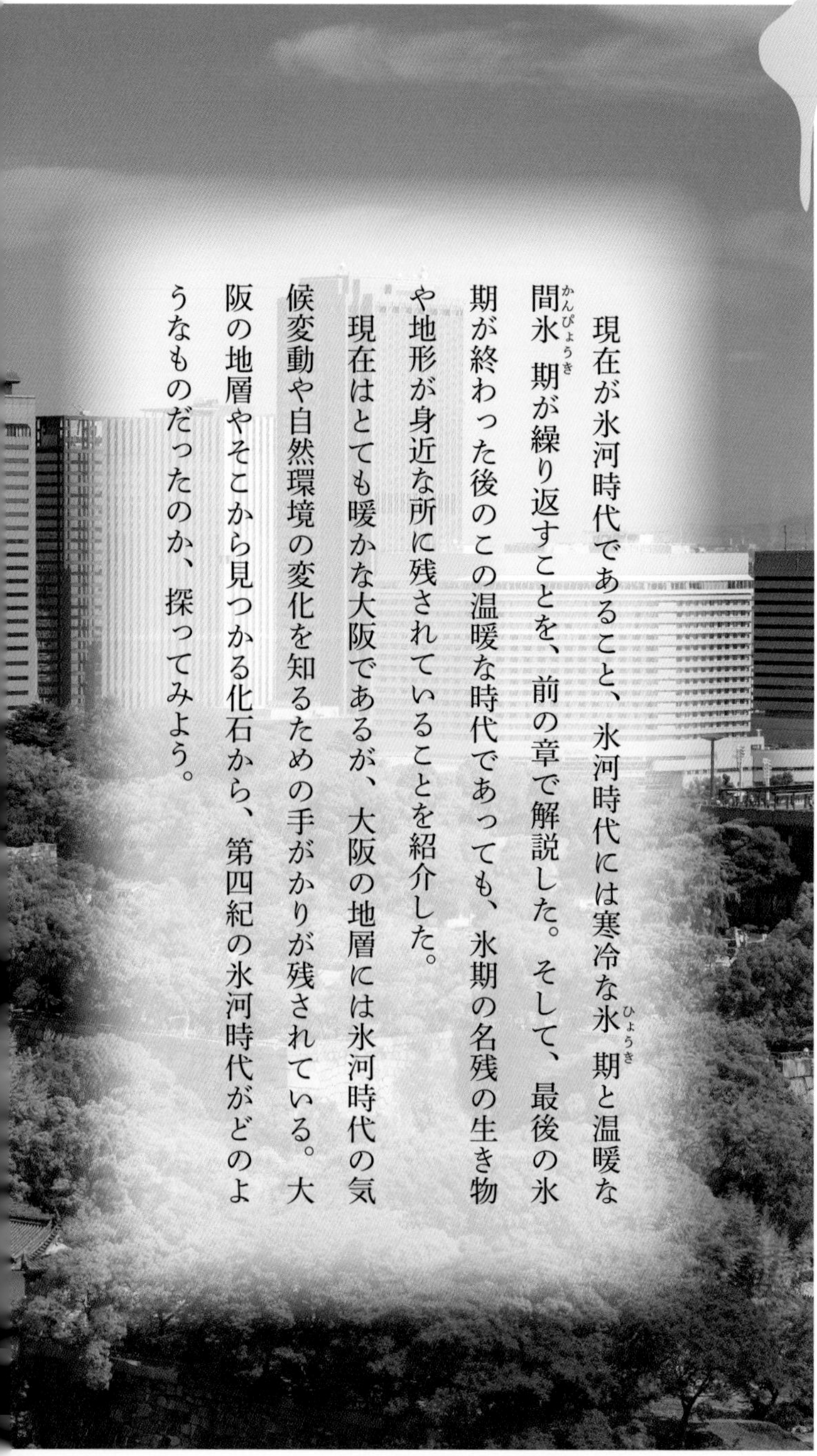

現在が氷河時代であること、氷河時代には寒冷な氷期《ひょうき》と温暖な間氷期《かんぴょうき》が繰り返すことを、前の章で解説した。そして、最後の氷期が終わった後のこの温暖な時代であっても、氷期の名残の生き物や地形が身近な所に残されていることを紹介した。

現在はとても暖かな大阪であるが、大阪の地層には氷河時代の気候変動や自然環境の変化を知るための手がかりが残されている。大阪の地層やそこから見つかる化石から、第四紀の氷河時代がどのようなものだったのか、探ってみよう。

どこに氷河が
おるんやねん？

現在の氷河時代はどのように始まったのか？

　プロローグで現在は氷河時代であると述べたが、新生代第四紀[※1]という地質時代でもある。地質時代は、地層から見つかる動物の化石の種類によって区分されている。新生代は恐竜が絶滅した後の、哺乳動物が繁栄した時代であり、その中でも特に人類が進化した時代のことを第四紀と呼ぶ。

　実は第四紀になって突然氷河時代がやってきたわけではなく、新生代に入って以降、寒冷化の傾向が続いてきた。この時代の寒冷化の原因は、大陸の移動に伴う海流や大気の循環の変化にあると考えられている。例えば、南極大陸と南アメリカ大陸の分離や、ヒマラヤ山脈が高くなったこと、南北アメリカがパナマ地峡でつながったことなどが挙げられる（詳しくは86ページ「トピックス」参照）。

氷期・間氷期の変動

　第四紀は約２５８万年前に始まるが、この頃から数万年周期の寒暖の変化が顕著になる。そして数万年周期の寒暖の変化を繰り返しながら、さらに寒冷化が進んでいった。寒冷な時期を氷期、温暖な時期を間氷期と呼ぶ。

　氷期・間氷期が繰り返す原因は、地球の自転軸の傾きや歳差《さいさ》運動、公転軌道がそれぞれ数万年周期で変化することによって起きる北半球の日照量の変化であると考えられている（36ページ参照）。寒暖の変化は当初は数万年周期であったが、約80万年前以降はおよそ10万年周期になっただけでなく、温暖な間氷期から徐々に寒冷化していき、氷期の最も寒い時期から急激に温暖化して次の間氷期になるという、のこぎりの歯のような気候変動曲線を描くようになった（35ページ下図参照）。

　降雪量のある地域で寒冷化が進むと、雪が溶けずに氷河ができる。氷河が流れる時には、岩盤を削り大量の土砂が運ばれて氷河の先端付近に堆積して丘のような地形（モレーン）をつくる。モレーンをつくる堆積物は大きな礫《れき》から粘土までが含まれる特徴があり、氷礫岩《ひょうれきがん》と呼ばれる。氷河が溶けてもこのような地形や堆積物が残される。

　ヨーロッパでは、少なくとも２０

0万年前頃には氷河が発達した時期があったことが堆積物から知られている。

日本では氷期に高山の氷河が大きくなることはあったが、陸地の広い範囲が氷河で覆われたことはない。その一方で、氷河性海面変動（↓第2章参照）の影響を受けてきた。氷期になると氷河が大きくなって海面が下がるので、大阪湾や瀬戸内海のようなそれほど深くない海域は陸化し、間氷期になると氷河が小さくなって海面が上がるので、大阪平野のような海岸平野は海域になった。

気候変動の生物への影響

また、氷期・間氷期変動は、生き物の分布にも影響を与える。

氷期になると、高緯度地方や高山などの寒い場所に暮らす生き物が分

氷河によって形成された地形

氷河は流れる時に独特の地形や堆積物を残す（22ページ参照）。写真は立山連峰の圏谷（カール）とモレーン。

用語解説

第四紀　※1 >>> P34
約258万年前から現在に至る、最も新しい地質時代のこと。

約350万年前から現在までの気候変動曲線

新第三紀鮮新世以前は温暖で安定した気候だったが、第四紀に入ると数万年周期で寒暖の変化を繰り返すようになった。その後、徐々に寒冷化が進み、特に80万年前以降は寒冷な氷期と温暖な間氷期の差が大きくなる。そしてその周期もおよそ10万年になった。これらの気候変動曲線は、海洋底の地層に含まれる微生物の化石の酸素同位体の変化から求められた。

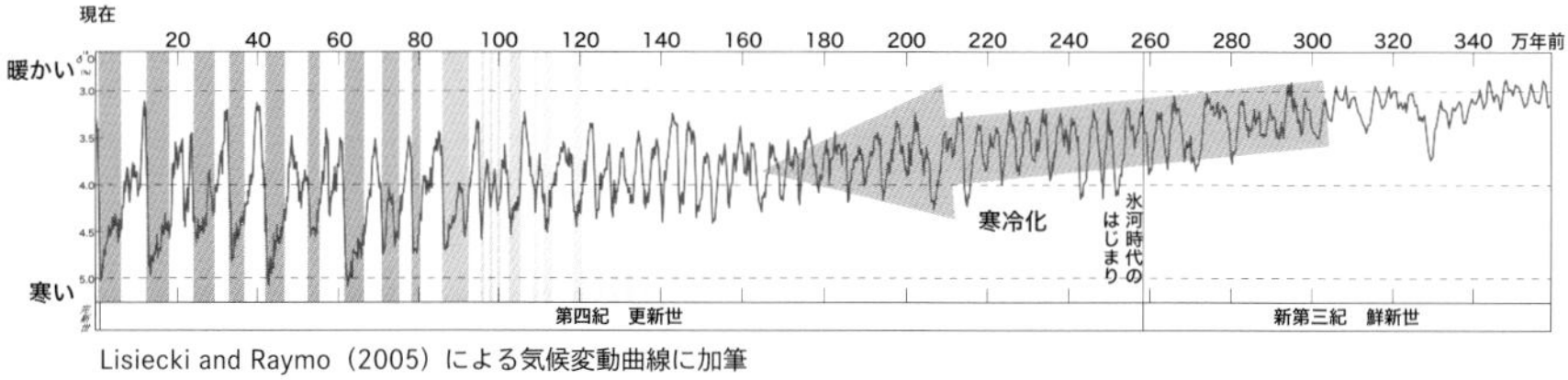

Lisiecki and Raymo（2005）による気候変動曲線に加筆

氷期・間氷期が繰り返す原因

セルビア出身の科学者ミランコビッチ(1879-1958)は、公転軌道の離心率、地軸の傾き、歳差運動の三つの天文学的な周期的変化をもとに、緯度ごとの日射量の変化を60万年前までさかのぼって計算し、北半球高緯度地方の日射量が小さくなる時に氷期になるという説を提唱した。北半球の高緯度地方は氷河が発達する地域である。ミランコビッチが提唱した説は、その名前を取ってミランコビッチ・サイクルと呼ばれる。

ミランコビッチが研究を行ったのは20世紀前半であり、電子計算機はまだ発明されていなかった。また地質学も発展途上で、放射性炭素年代測定法も確立されていなかった。ミランコビッチの説が広く受け入れられるようになったのは、1970年代以降のことである。

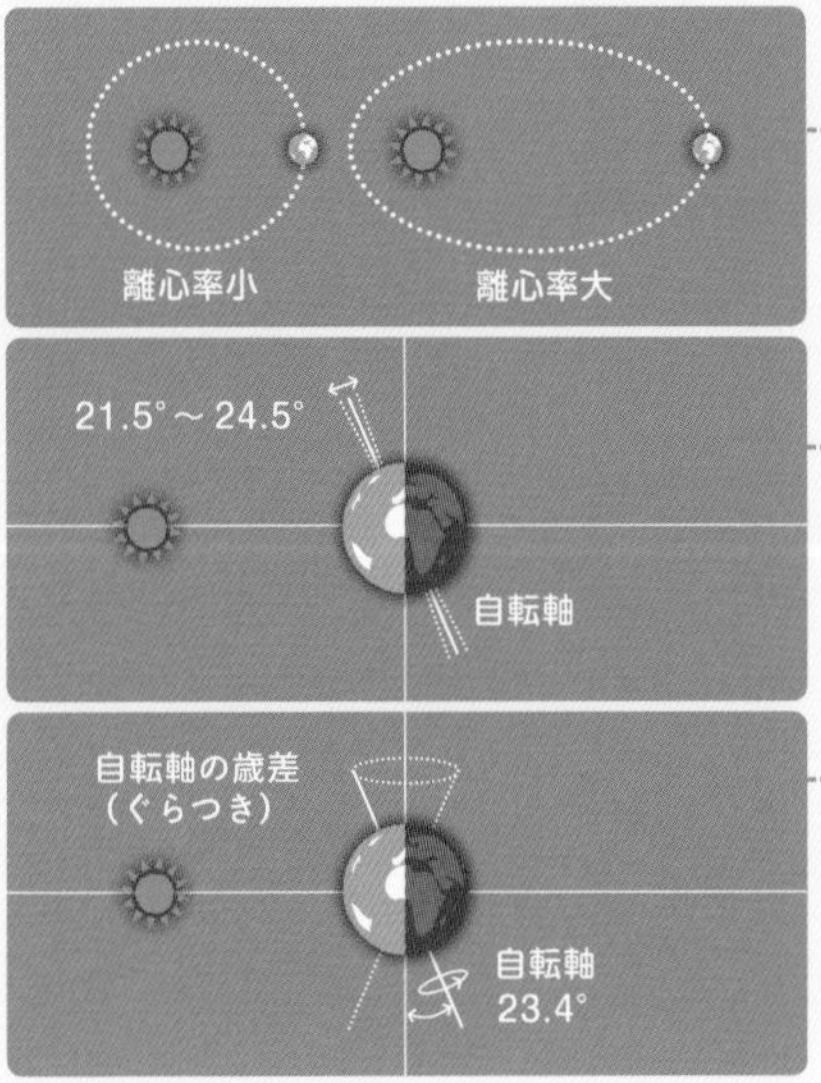

①公転軌道の離心率

楕円である地球の公転軌道は、円に近い形から楕円になり、また円に戻るという変化を約10万年周期で繰り返す。

②自転軸の傾き

軌道面に対する自転軸の傾きは、4.1万年の周期で21.5°～24.5°の範囲で変動する。

③歳差運動

地球の自転軸は回転しながら円を描くように揺れている。地球の公転運動との関係で、2.3万年と1.9万年の周期が生じる。

出典「地球46億年の旅」第41号
（朝日新聞出版・2014年）をもとに作成

布を広げる。逆に暖かい環境で暮らす生き物は、標高の低い所や低緯度地域へと移動する。陸上で暮らす動物の場合は、氷期に海面が下がって浅い海域だった所が陸続きになると、その陸を通って分布を広げることができる。

間氷期になると、氷期に分布を広げた生き物が、高緯度地方や高山へと分布を縮小し、逆に温暖な所で暮らす生き物がより標高や緯度が高い地域に分布を拡大する。陸上で暮らす動物の場合は、陸続きだった所が海になり、氷期に分布を広げた地域の一部が島になり、もとの分布域と切り離される。

このようなことが何度も繰り返されるうちに、森の様子や動物の種類の組み合わせが変化してきたことが化石の記録から明らかにされている。

（石井陽子）

氷河がある時、ない時

中央アルプスの千畳敷カールをモデル作成した、氷期と間氷期の地形模型。氷期（左の写真）には氷河が発達し、カールとモレーンが作られる。植生は標高の低い地域に移動し、模型の中にはハイマツ帯がかろうじて分布する。高山性の動物も標高の低い所に広く分布していた。

間氷期（右の写真）では氷河が溶けてなくなり、カールとモレーンが残される。植生は標高が高い地域に移動し、ハイマツ帯の下にはダケカンバ帯、針葉樹林帯が見られる。高山性の昆虫やライチョウの分布は標高の高い地域に移り、取り残された。作成方法や経緯は84ページ参照。

第四紀の環境の変化がわかる大阪平野

大阪平野にたまった地層やそこから見つかる化石の研究は、古くから行われてきた。研究の積み重ねの結果、氷河時代が本格的に始まる前から現在に至るまでの気候変動やその影響を受けた植生の様子の変化が、ほぼ連続して地層や化石に記録されていることが明らかにされている。

そのため、大阪平野の地層は、国内でも有数の第四紀の環境の変化がわかるお手本のような地層といえる。以下、大阪平野の地層について紹介する。

大阪平野の地層の特徴

大阪平野は北と東と南が山地で、西には大阪湾がある。大阪平野と大阪湾をあわせた部分はくぼ地になっていて、大阪堆積盆地と呼ぶこともある。大阪堆積盆地には約３５０万年前から地層がたまり始め、現在も地層がたまり続けている。大阪堆積盆地にたまった一連の地層のうち、山地の麓にできた丘陵地に顔を出した地層のことを大阪層群という。

大阪層群は、大阪平野の地下や大阪湾の海底の下にも数百メートルから３０００メートルの厚さで堆積している。丘陵と平野の間にある段丘を作る地層や、平野を作る最も新しい地層である沖積層も、一連の地層である。大阪堆積盆地にたまった地層は、川が運んできてたまった礫《れき》や砂、泥からできている。ところが、１２０万年前以降になると、海でたまった泥の地層である海成粘土層が挟まれるようになった。

大阪堆積盆地が太平洋とつながり海面変動の影響を受けるようになったのが１２０万年前であり、その後、間氷期には海が入り込んできて海成粘土層が、氷期には海が引いて陸地になり川が運んできた礫・砂・泥からなる地層が、交互にたまるようになった。

海成粘土層から温暖な地域に分布する植物の化石が、海成粘土層の間に挟まれる淡水成の地層からは冷涼寒冷な地域に分布する植物の化石が、それぞれ見つかることが知られてい

アズキ火山灰層とMa3層

約87万年前に九州北部の猪牟田（ししむた）カルデラで起きた巨大噴火の火山灰層が、海成粘土層のMa3層の下部に挟まれる。紫色がかった暗い灰色の層なので、アズキ火山灰層と呼ばれる。大阪府吹田市の万博記念公園付近。

海成粘土層

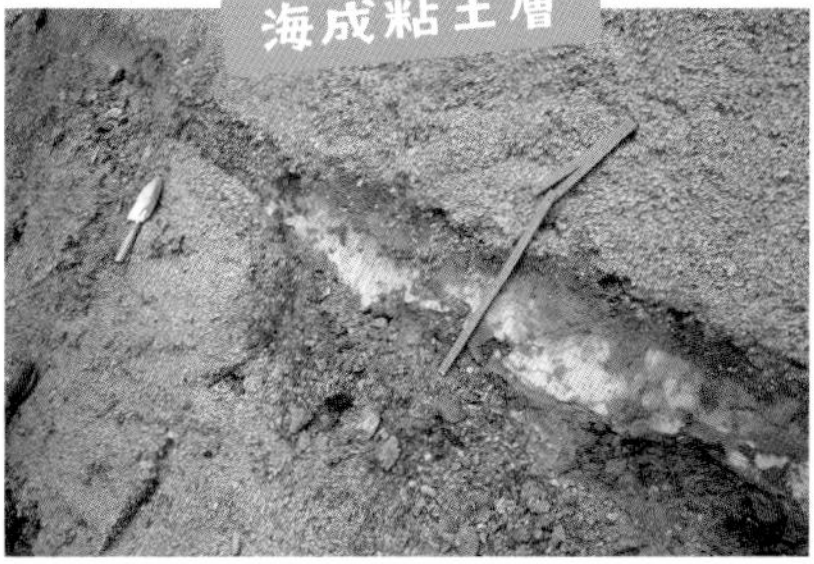

海成粘土層（Ma2層）。海成粘土層は薄く細かく割れる性質がある。Ma2層の下部には山田Ⅰ火山灰層が挟まれる。大阪府和泉市。

写真　大阪市立自然史博物館（2点とも）

た。海成粘土層と淡水成の地層が交互に重なっているのが氷河性海面変動によるものであることは、植物化石からも裏付けられている。

海成粘土層と間氷期

大阪平野で見つかる海でたまった地層を海成粘土層という。海成粘土を意味する英語のmarine clayの最初の2文字と、古い方から順に振った番号の組み合わせで、Ma1層、Ma2層、などと一層ずつ区別をして名前が付けられている。

海成粘土層どうしは見た目がよく似ているため、その番号を決めるのには火山灰層との上下関係が手がかりになる。例えば、ピンク火山灰層のすぐ下にある海成粘土層がMa1層、アズキ火山灰層を挟む海成粘土層はMa3層と決められている。大阪層群の研究が始められた1950年代当時に最も古いと考えられていた海成粘土層にMa1層と名前を付けたため、その後の研究で見つかったさらに古い海成粘土層は、Ma0層、Ma-1層と呼ばれている。最も新しい海成粘土層は、沖積層に挟まれる数千年前にたまったMa13層である。

最近の研究で見つかったものも含めると、大阪平野の地層には海成粘土層が少なくとも21層あることが知られている。また、それらの海成粘土層は、世界的な気候変動曲線のどの温暖期（間氷期）にたまったのかも、正確に明らかにされている。

次の項目では、大阪平野の地層から見つかる化石のうち、特に大阪層群から見つかったものを紹介する。気候変動が、植物や動物に与えた影響を、化石から探ってみよう。

（石井陽子）

植物化石からわかる気候変動

大阪層群（３５０万〜30万年前）は、植物化石がとても詳しく研究されている地層だ。大阪平野周辺から産出する植物化石の記録を見ると、それまで生育していた温暖・湿潤な地域を好む植物が段階的に消滅し、代わりに冷温帯〜寒温帯を好む現在の日本列島にも生育する植物が徐々に出現し始めたことがわかる。（西野 萌）

温暖系の植物の化石

大阪層群最下部（大阪層群の古い時代）の地層からは、現在の中国、台湾、北アメリカなどの温暖・湿潤な地域で生育する植物の化石が産出する。これらの植物は、間氷期・氷期の繰り返しの中で段階的に日本列島から消滅したと考えられている。

タイワンスギ *Taiwania cryptomerioides*（ヒノキ科）

現在の台湾と中国に分布する常緑樹。過去の大阪平野では340万年前後まで化石が発見されている。

◀現生のタイワンスギ。大阪公立大学附属植物園。

写真　塚腰実氏提供

スギに似ているけど、別属だよ

▲枝化石。大阪府泉佐野市。長さ2.3cm。スギに似た形の葉がらせん状に並んでいる。

メタセコイア *Metasequoia glyptostroboides*（ヒノキ科）

現在の中国湖北省に生育する落葉針葉樹。過去の大阪平野では約100万年前頃まで生育していたと考えられている。

◀現生のメタセコイアの枝葉と球果。大阪市立長居植物園。

▶枝葉化石。淡路島（兵庫県）産。長さ2.0cm。枝に対して葉が対生につく。

◀球果化石の縦断面。大阪府泉佐野市産。長さ1.9cm。鱗片が十字対生につくので縦断面から見ると鱗片が縦に並んで見える。

◀メタセコイアは高さ30mになるものもある。大阪市立長居植物園。

イチョウ　*Ginkgo biloba*（イチョウ科）

現在の中国で生育する落葉高木。過去の大阪平野では約140～160万年前頃まで生育したと考えられている。

イチョウの葉脈は一見平行に走っているように見えるが、よく見ると葉脈が繰り返し二叉に枝分かれしている。
原始的な植物は二叉分枝する茎だけからなっていたとされ、イチョウのこの葉脈は原始的な形状だと考えられている。

現生のイチョウの雄株。雄花が咲いている。大阪市立長居植物園。

葉化石。大阪府泉南郡。幅2.2cm。葉脈が二叉分岐して葉縁まで伸びる。

メタセコイアは
生きた化石って
言われてるよね

ヒメブナ　*Fagus microcarpa*（ブナ科）

ブナの仲間の化石種。近畿地方では約50万年前頃まで化石が産出する。

現生のブナ。大台ケ原（紀伊半島）。

写真　塚腰実氏提供

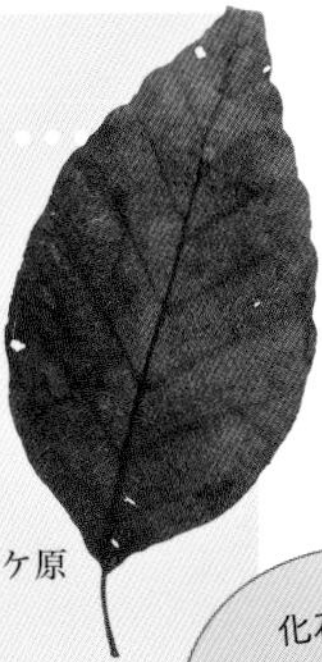

葉化石。京都府岩見上里。長さ4.4cm。現生のブナよりも小型である。

化石が先に
見つかって、
あとで中国大陸で
生き残っているのが
わかったんだ

シナヒイラギモチ　*Ilex cornuta*（モチノキ科）

常緑広葉樹。過去の大阪平野では約40万年前頃まで化石が産出する。

現生のシナヒイラギモチ（ヤバネヒイラギモチ）。大阪市立長居植物園。

今は中国にいるよ

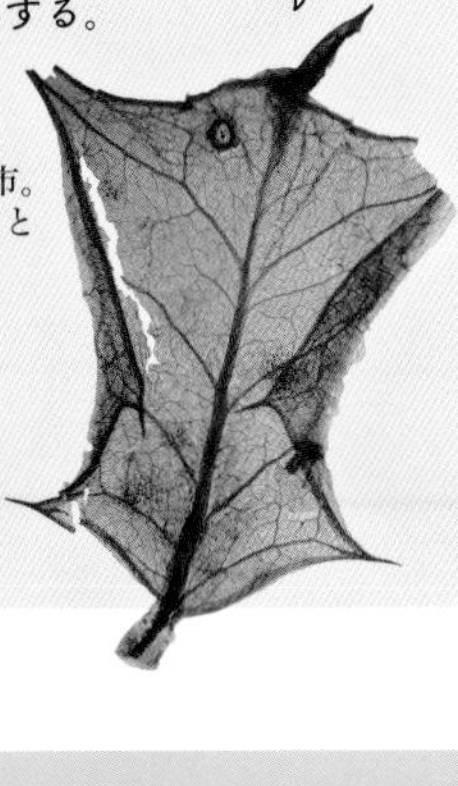

葉化石。兵庫県明石市。長さ4.4cm。葉の縁と先端に刺がある。

化石写真・おし葉標本の写真はすべて大阪市立自然史博物館蔵（このコーナーすべて）

氷期の植物の化石

西宮市満池谷《まんじだに》（兵庫県）には、淡水成の地層が分布する。この地層からは、シラベ、トウヒ、チョウセンゴヨウなどの寒温帯性の針葉樹に加え、シラカバやハシバミなどの寒温帯に分布する落葉広葉樹が産出する。

これらの化石記録から、当時の大阪平野は寒冷な気候であったと考えられている。

トウヒの仲間 *Picea*（マツ科）

常緑針葉樹。現在の日本列島にも生育する。大阪平野では170万年前頃には出現していたことがわかっている。

▲ 現生のトウヒ。（左）球果、（右）枝葉と球果。大台ケ原。　写真　塚腰実氏提供（2点とも）

▲ 球果の縦断面。兵庫県西宮市。長さ3.4cm。

シラベ（シラビソ） *Abies veitchii*（マツ科）

常緑針葉樹。現在の日本列島でも生育する。大阪平野では約90万～60万年前頃の地層で化石記録が確認されている。

▲ 現生のシラベ。大阪公立大学附属植物園。

葉の根元が吸盤状になるのがモミ属の特徴

▲ 葉化石。兵庫県西宮市。長さ最大1.5cm。葉は平べったく、柄の基部が吸盤状に広がる。

チョウセンゴヨウ　*Pinus koraiensis*（マツ科）

常緑針葉樹。現在の日本列島にも生育する。化石記録により、大阪平野では約130万年前頃には出現したことがわかっている。

▲現生のチョウセンゴヨウ。大阪公立大学附属植物園。

▲短枝の化石。滋賀県東近江市。長さ2.3cm。五葉松の仲間で葉が5本つくのが特徴（写真の標本は葉が1本なくなっている）。

シラカバ　*Betula platyphylla*（カバノキ科）

落葉広葉樹。現在の日本列島にも生育する。大阪平野周辺では、約90万年前の地層から出現が確認されている。

◀現生のシラカバの葉（おし葉標本）。

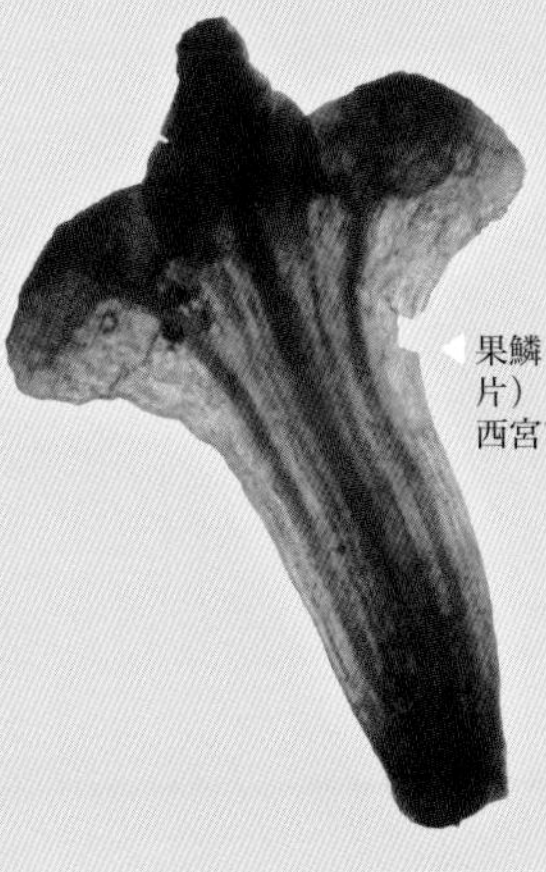

◀果鱗（球果につく鱗片）の化石。兵庫県西宮市。長さ0.4cm。

間氷期の植物の化石

同じ大阪平野から見つかった化石なのに、前のページとは大違いだ
今の分布を見ると、ずいぶんと暖かい地域の木だね

西宮市上ヶ原（兵庫県）には、約40万年前の大阪層群Ma9層と同じ時代の地層が分布する。この時代はとても温暖で、現在の照葉樹林をつくる常緑広葉樹にモミ・ツガなどの針葉樹が混在した植生をしていたと考えられている。この地層からはアデク、シバニッケイ、イスノキやウバメガシなどの常緑広葉樹に加え、ナギやクロマツなどの針葉樹が産出する。

この時代がとても温暖だったことは、花粉化石でも裏付けられている（P53の図の「アカガシ亜属－コウヤマキ属帯」）。

アデク *Syzygium buxifolium*（フトモモ科）

常緑の広葉樹。現在の日本列島の九州南部などの温暖な地域に生育する。大阪平野周辺の化石記録では、約40万年前頃に産出記録がある。

▶葉化石。長さは2.4cm。

▲現生のアデクのおし葉標本。沖縄県にて採集。

シバニッケイ *Cinnamomum doederleinii*（クスノキ科）

常緑広葉樹。現在の奄美大島（鹿児島県）などの亜熱帯地域に生育する。大阪平野周辺の化石記録では、約40万年前頃に産出記録がある。

▶葉化石。長さ2.4cm。葉の基部から3行脈が伸びている。

▶現生のシバニッケイのおし葉標本。沖縄県にて採集。

イスノキ　*Distylium racemosum*（マンサク科）

常緑広葉樹。現在の日本列島の他に、朝鮮半島、中国南部などに生育する。

▲現生のイスノキ。大阪市立長居植物園。

▲イスノキの葉の虫こぶ。大阪市立長居植物園。

写真　塚腰実氏提供

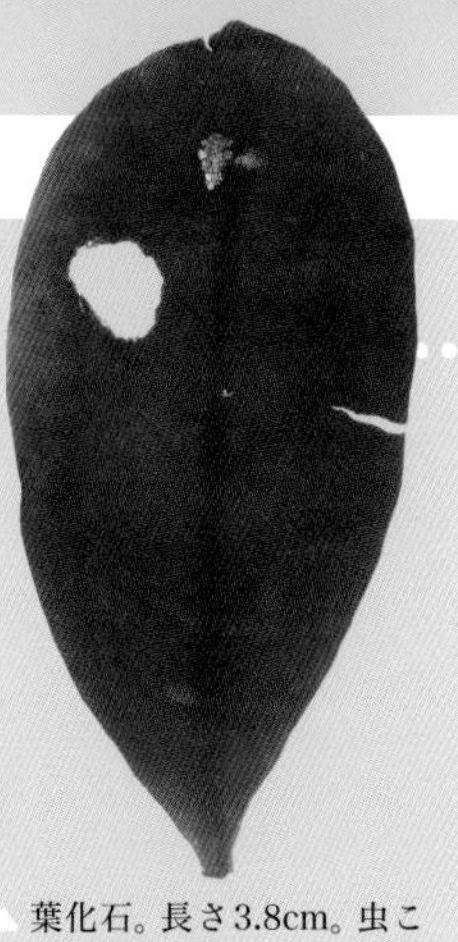

▲葉化石。長さ3.8cm。虫こぶ（昆虫が寄生して、植物組織にできるこぶ）の跡が穴になっている。

ウバメガシ　*Quercus phillyraeoides*（ブナ科）

常緑広葉樹。現在の日本列島の他に、中国や朝鮮半島などに生育する。

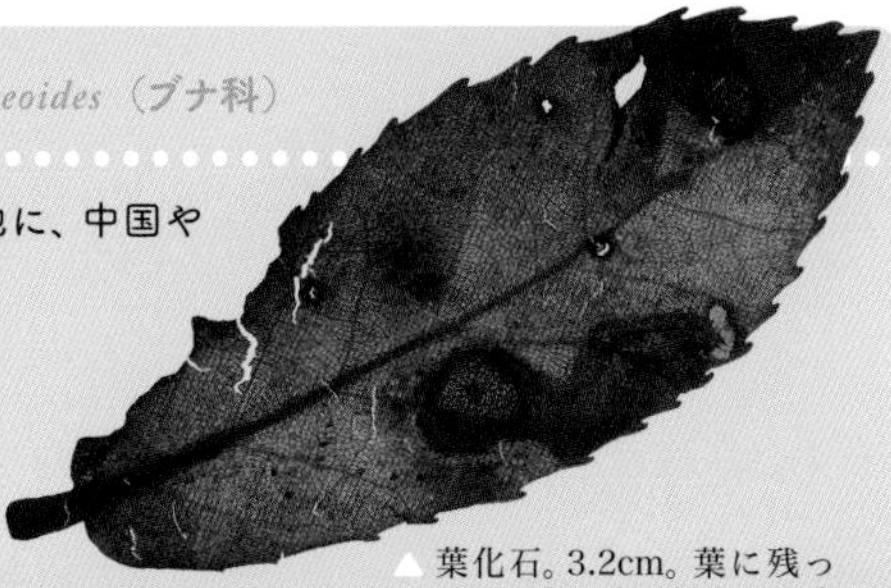

▲葉化石。3.2cm。葉に残っている丸い穴は昆虫の食痕である。

◀現生のウバメガシ。大阪公立大学附属植物園。

押し葉みたいだけど…化石！

まるで近所の公園から拾ってきたような、生っぽい状態の葉や球果だが、これらもすべてれっきとした化石である。このように植物そのものが残っている状態の化石は圧縮化石と呼ばれる。

圧縮化石は、植物そのものが残っているので、葉脈などの詳細な特徴までよく観察できる。破れたり、乾燥してボロボロになったりするのを防ぐため、また、顕微鏡で観察するためにプレパラートに封入して保管することも多い。

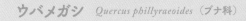

ナギ　*Nageia nagi*（マキ科）

常緑広葉樹。現在の日本列島の他に中国南東～南部にも生育する。

▶葉化石。長さ3.5cm。全縁で葉の基部から先端に向かって平行に葉脈が伸びる。

◀現生のナギの写真。大阪市立長居植物園。

写真　塚腰実氏提供

化石写真はすべて大阪層群Ma9層の時代。西宮市

大阪層群から見つかった動物化石

大阪層群からはいろいろな動物の化石も見つかっている。５種類ものゾウ、大型のワニ、シカ、カメ、そして２０１９年には、大型のクジラも見つかっている。（田中 嘉寛）

大阪層群から初めて見つかった鯨類化石！

ただの棒のようにしか見えないが、たしかに化石だ。大きな穴は下顎孔といい、生きていた時は神経が通っていた。クジラの骨をいろいろ比べてみた結果、ナガスクジラ科というクジラの左下顎であることが2019年にわかった。大阪層群から初めて見つかった鯨類である。およそ30万年前、チバニアン※1という時代のクジラであるが、当時のクジラについてはほとんどわかっていない。全国的にクジラ化石が見つからない空白の時代なのだ。この化石は、クジラの歴史を知る上で貴重な化石だ。

▼大阪層群から見つかったヒゲクジラの左下顎（大阪市立自然史博物館・第２展示室）。

下顎孔 神経が通っていた穴。この穴の大きさと位置で、ナガスクジラ科のものとわかった。

▲現生のナガスクジラ骨格の下顎部分。大阪市立自然史博物館のエントランスに展示されている骨格を右側から撮影。

用語解説

チバニアン ※1 >>> P46

第四紀更新世の中期、約77万4000年前から12万9000年前までの時代を指す。2020年、千葉県市原市の地層が、地質年代の境界の基準地として選ばれ、ラテン語で「千葉の時代」を意味する「チバニアン」と名付けられた。

現在と同じ気候なのに、ワニがいた？

1964年、大阪府豊中市の待兼山で大阪大学の建設工事が行われる中、巨大な骨の化石が見つかった。ゾウの化石だと思われていたがのちに全長7mもある巨大ワニであることがわかり、マチカネワニと命名された。

巨大な頭には太い歯が並んでいた。ほぼ全身が見つかった素晴らしい保存状態の化石で、右足のスネが骨折した後の治っている様子まで保存されていた。

かつて日本からワニ化石が見つかるとは思われていなかった。なぜなら、ワニは熱帯や亜熱帯にすむ爬虫類だからだ。マチカネワニが生きていたおよそ50万年前も、現在の大阪の気候とそれほど違わなかったことが花粉の研究でわかっている。カップの湯は冷めやすいが、風呂の湯は冷めにくい。マチカネワニは体が大きかったので、寒さに強かったのかもしれない。

日本初のワニの化石！

▲ マチカネワニの発掘。工事中の現場で骨片が発見されたのが元で、4回にわたる発掘調査が行われ、尾椎を除くほとんどの骨格が採集された。

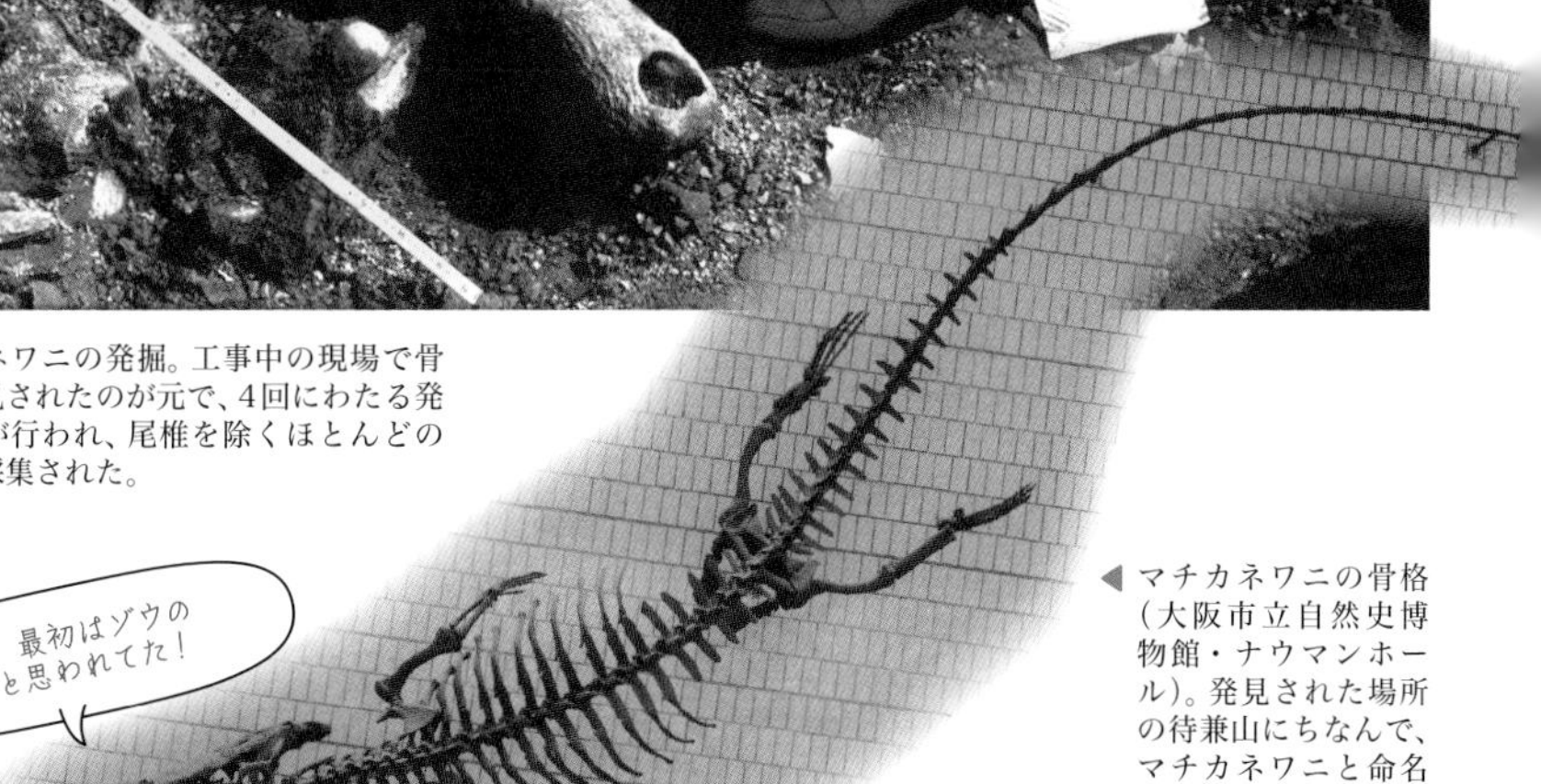
でも、最初はゾウの
化石と思われてた！

◀ マチカネワニの骨格（大阪市立自然史博物館・ナウマンホール）。発見された場所の待兼山にちなんで、マチカネワニと命名された。

大阪市立自然史博物館蔵（このコーナーすべて）

氷期に日本列島へ渡ってきたゾウ

クジラにとって海は道であるが、ゾウなど陸上動物たちにとって海は壁だ。壁がなくなれば移動できるようになる。氷期になると海面は低くなり、離れ離れだった日本列島と中国大陸は陸橋でつながった。陸橋を通って、何種類ものゾウが大陸から日本に入ってきた。

大阪層群からは、5種類のゾウの仲間の化石が見つかっている。最も古いものは、約120万年前まで生息していたアケボノゾウである。その祖先は約500万年前に中国大陸からやってきて、日本列島で進化し、ミエゾウ、アケボノゾウ近似種を経てアケボノゾウになったと考えられている。約120万年前にはケナガマンモスの祖先であるトロゴンテリゾウが日本列島に移入した。その後約63万年前の特に寒い氷期にトウヨウゾウが日本列島にやってきた。トウヨウゾウはアケボノゾウに近い仲間であるが、より原始的な特徴を持つ。

ナウマンゾウの化石は日本列島の様々な場所から見つかっている。そしてその時代は30数万～2万8000年前である。ケナガマンモス（→P14の写真参照）とよく間違えられるが、異なる種類のゾウであり、頭の形が異なる。横から頭を見ると、ナウマンゾウは四角いが、ケナガマンモスは三角形だ。ケナガマンモスは日本では北海道にのみすんでいたと考えられる。

当時の動物相は今よりも多様だった。ヤベオオツノジカやナウマンゾウといった絶滅種も、かつては大阪を歩いていた。彼らの足跡の化石がその証拠だ。

▲ ミエゾウ。左下顎骨・第3大臼歯。鮮新世、東海層群亀山累層。300～400万年前。アケボノゾウの先祖であると考えられている。

▲ アケボノゾウ。右下顎骨・第3大臼歯。更新世前期、大阪層群屏風が浦粘土層。日本列島で進化し、小型化した。約120万年前まで生息。

▲ トロゴンテリゾウ（シガゾウ）。左下顎骨・第3大臼歯。中期更新世、古琵琶湖層群堅田累層。約120万年前に日本列島に移入。

▲ トウヨウゾウ。右下顎骨・第3大臼歯。中期更新世、倉敷市下津井沖 海底。約63万年前の氷期に日本列島に移入。

▲ 左がアケボノゾウ、右がコウガゾウ。いずれも前期更新世。コウガゾウは中国の甘粛省で発見された。両者は同じ先祖から進化した。

（48ページの写真はすべて大阪市立自然史博物館・第2展示室）

▶ナウマンゾウの骨格。およそ２万年前まで日本にすんでいた（大阪市立自然史博物館・第2展示室）。

▼ナウマンゾウの足跡模型（大阪市立自然史博物館・ナウマンホール）。足跡化石は大阪でも見つかっている。骨などは流された先で化石になることもあるが、足跡はまさにその場所を歩いていた証拠である。

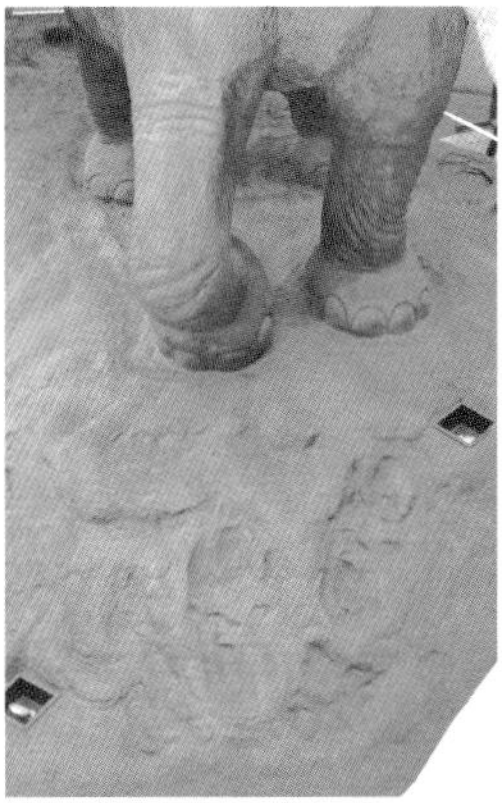

▲ナウマンゾウとヤベオオツノジカの復元模型（同・ナウマンホール）。ヤベオオツノジカは、絶滅した大型のシカで、ナウマンゾウと同じ所から化石が見つかる。

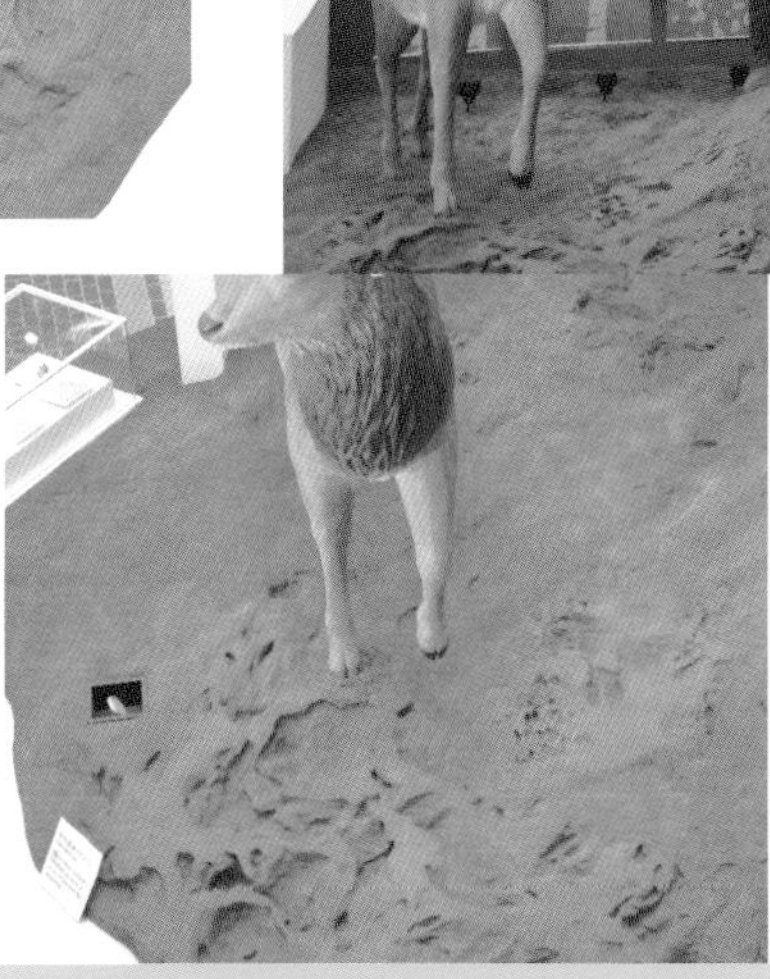

▶ヤベオオツノジカの足跡模型（同・ナウマンホール）。

昆虫化石からわかる当時の気候と環境

❶アキミズクサハムシ（化石）

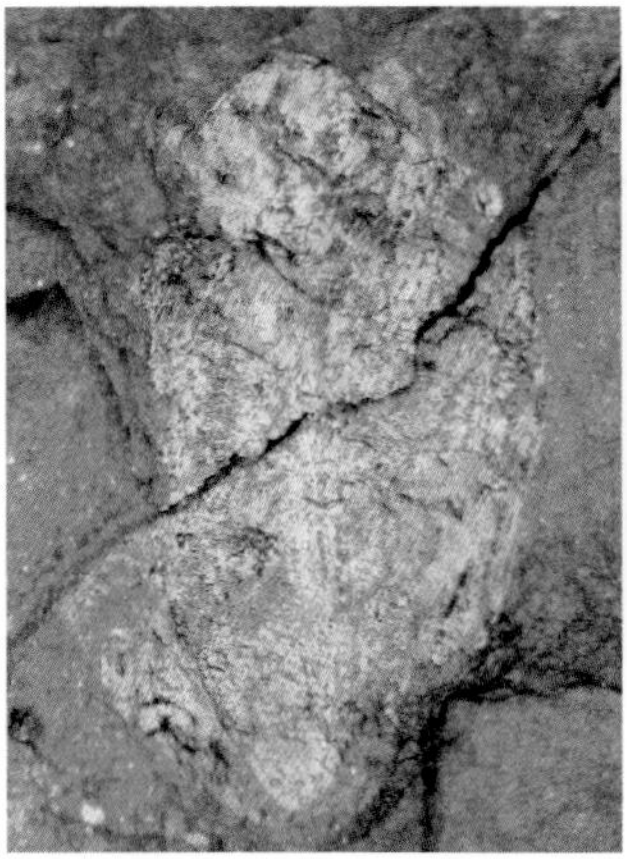

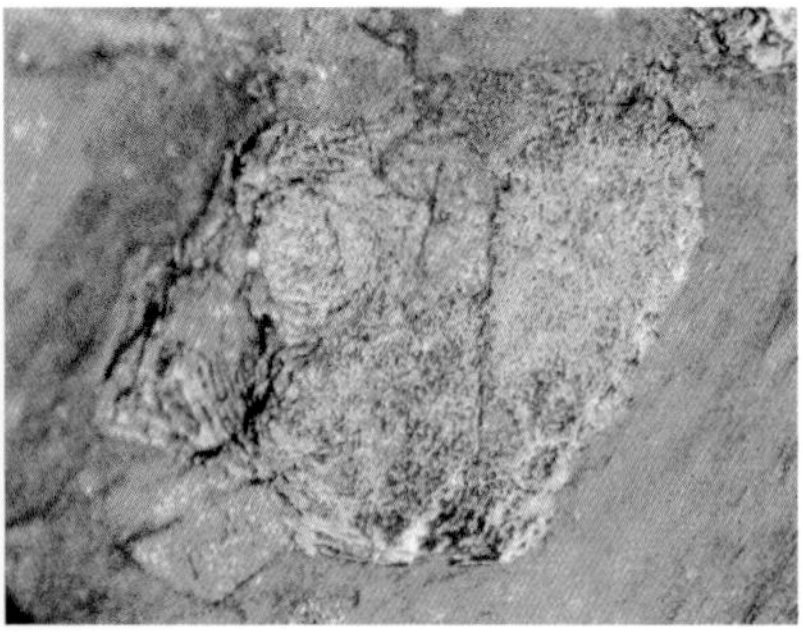

古琵琶湖層群より産出。
現在では広島県の山地の湿地にわずかに分布する。
林・初宿（2003）

大阪層群は第四紀層の中では国内で最も詳しく研究されているものの、昆虫化石についてはきわめて断片的にしかわかっていない。三重県から滋賀県に分布する古琵琶湖層群は、大阪層群とほぼ同時代の地層である。これまでオサムシの仲間（現在の日本には該当種がないもの）やアキミズクサハムシ❶（現在では広島県に限って分布する）などが見つかっているが、甚だ研究事例が乏しいというのが実情だ。今後の調査によって、他の分類群と同様、詳しく解明され、当時の自然環境が明らかになることが待たれる。

その後の時代である後期更新世（上町《うえまち》海の時代以降）の地層から見つかる昆虫化石は原則として、すべて地球上のどこかで現存する種（現生種）に同定できる。亜寒帯から熱帯まで広く分布する種もあれば、オオハンミョウモドキ❷のように特定の気候帯に限られる種もある。後者は通常は気候変動に従って、南北に移動しているので、そのような種が産出すると、当時の気候がどの程度、寒かったのか暑かったのかについて、知ることができる。

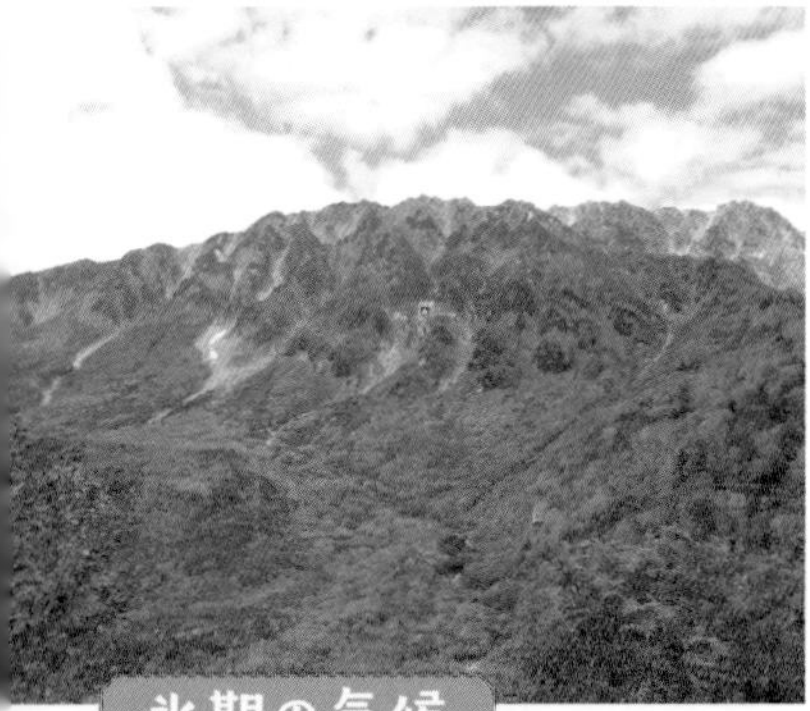

氷期の気候

氷期には、関西が中部地方のような気候になったと考えられる。写真は富山県の黒部平。

環境を推定することができる昆虫化石

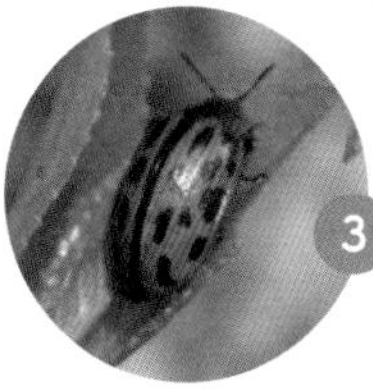

❸ ヤナギハムシ

幼虫、成虫ともヤナギの葉しか食べない。

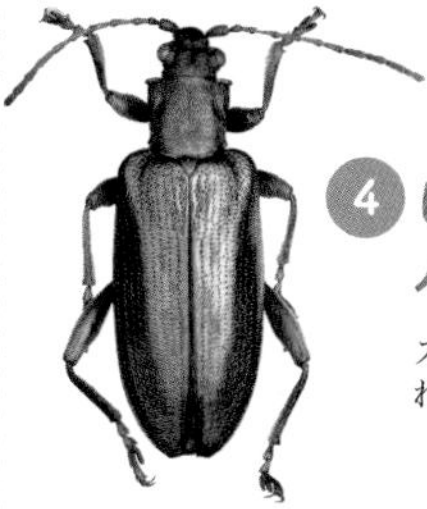

❹ ヒラタネクイハムシ

スゲの生える池沼で見られる昆虫。

❺ カキノフタトゲナガシンクイ（化石）

乾燥材の害虫として知られる。当時、木造建築物あるいは薪など人の生活との関わりが垣間見られる。大阪府枚方市船橋遺跡（飛鳥時代）より。

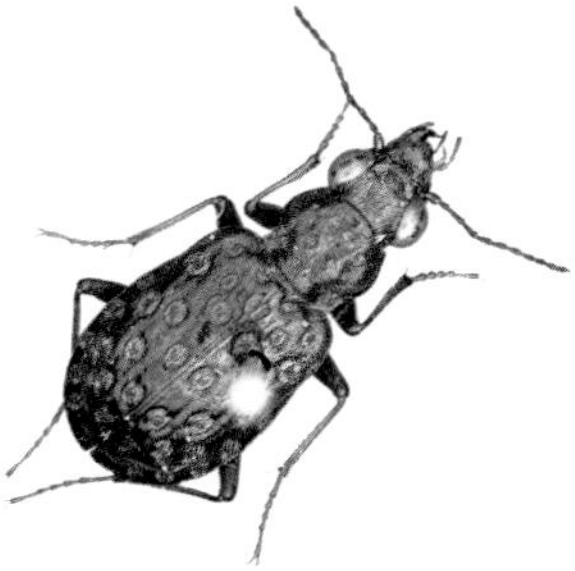

❷ オオハンミョウモドキ

東日本とロシア沿海州の山地に分布する。月平均気温が最も高い月（7月または8月）の気温が17.2～21.7℃の範囲に限られる（Shiyake, 2014）ので、この化石が産出すれば、その当時の気候帯推定を絞り込むことができる。

昆虫化石による古気候の推定方法

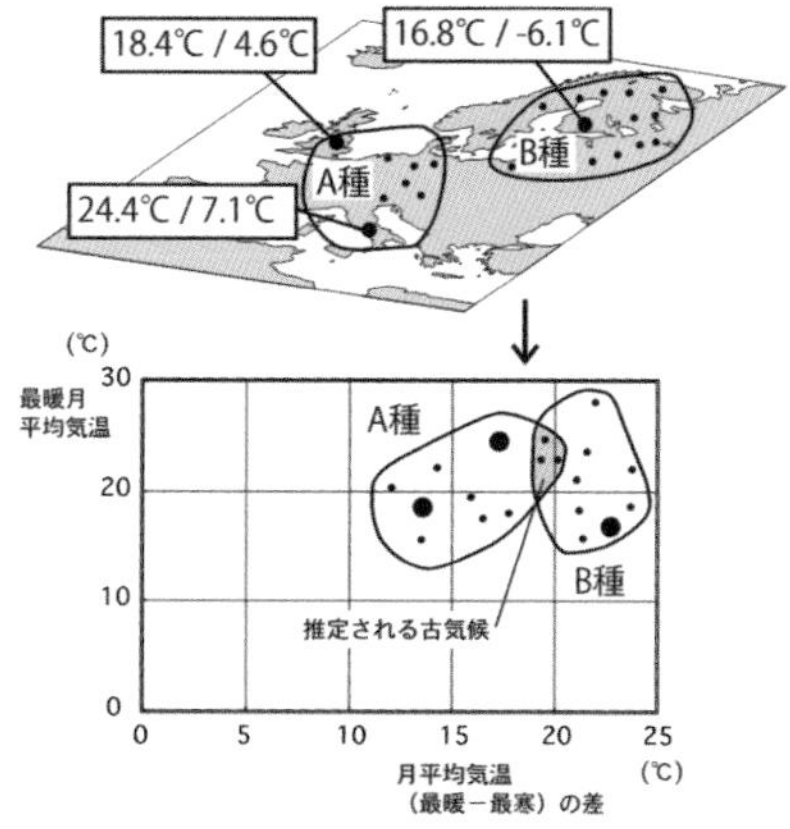

現在の分布範囲から気象データを散布図に描き、産出した種を重ね合わせる（図は初宿，2012より）。

氷期には、関西が中部地方のような、中部地方が北海道のような、北海道がアラスカのような、それぞれ気候になったと考えられ、そのような昆虫化石が実際に産出している。

昆虫にはヨモギハムシ、ヤナギハムシ❸など、特定の植物しか食べないものがいる。また、ヒラタネクイハムシ❹は池や沼にすんでおり、キクイムシ類は必ず樹の生えた森や林にすんでいる。このように、昆虫化石が出れば、その生態や分布の情報から、どのような環境が周辺にあったかを推定することができる。

弥生時代以降は農耕も始まり、コクゾウムシのような米の害虫が見つかっている。またカキノフタトゲナガシンクイ❺は乾燥材の害虫として知られるものなので、当時は木造建築物あるいは薪など、人の生活との関わりが垣間見られる。

（初宿成彦）

大阪平野の地層を読み解く

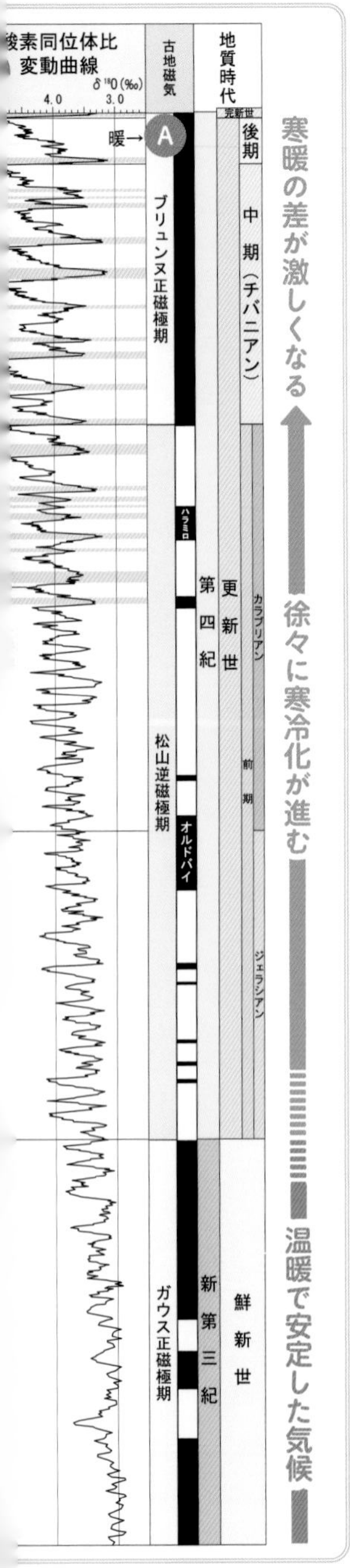

1 薄い赤色で横につないだ部分が、海成粘土層がたまった間氷期。気候が温暖で、温暖系の植物化石が多く見つかる。一方、寒冷・冷涼なところに分布する植物化石は海成粘土層と海成粘土層の間（氷期）で見つかることが多い。

2 温暖系の植物が徐々に姿を消し、寒冷な気候に適した植物が増えていく様子がわかる。

3 特に寒い氷期の後に、新しい種類のゾウの化石が見つかるようになる。海面が大きく下がり、大陸と日本列島が陸続きになって、ゾウがやってきたと考えられる。

4 トロゴンテリゾウ（ムカシマンモス）の化石が見つかり始める直前の約120万年前の氷期は、あまり寒くはない。現在とは山の高さや海の深さなど、地形の様子が違っていた可能性があるが、大陸と陸続きになったのだろう。

5 ワニ類の化石は海成粘土層やそのそばで見つかる。

A 昔の地球磁場の変化。地球磁場（N極、S極）が反転していた。黒が現在と同じ、N極が北を指す時代。白はN極が南を指す時代。

B 折れ線グラフが左へいくと寒冷、右が温暖。詳しくはP28参照。

大阪平野の地層の研究により地層が重なる順番を整理し、大阪平野の地層から見つかる植物化石や動物化石の種類の変化、読み取れる気候の変化をこのような図に表現することが、1950年代から試みられてきた。1990年代後半以降の研究（→ P55参照）により、世界的な気候変動曲線と大阪平野の地層の対比が正確に行われるようになった。

それをもとにいろいろな分野での研究成果をあわせて図にして、第四紀の氷河時代の環境の変化を読み取れるようにした。P54の解説とあわせて読み解いてほしい。

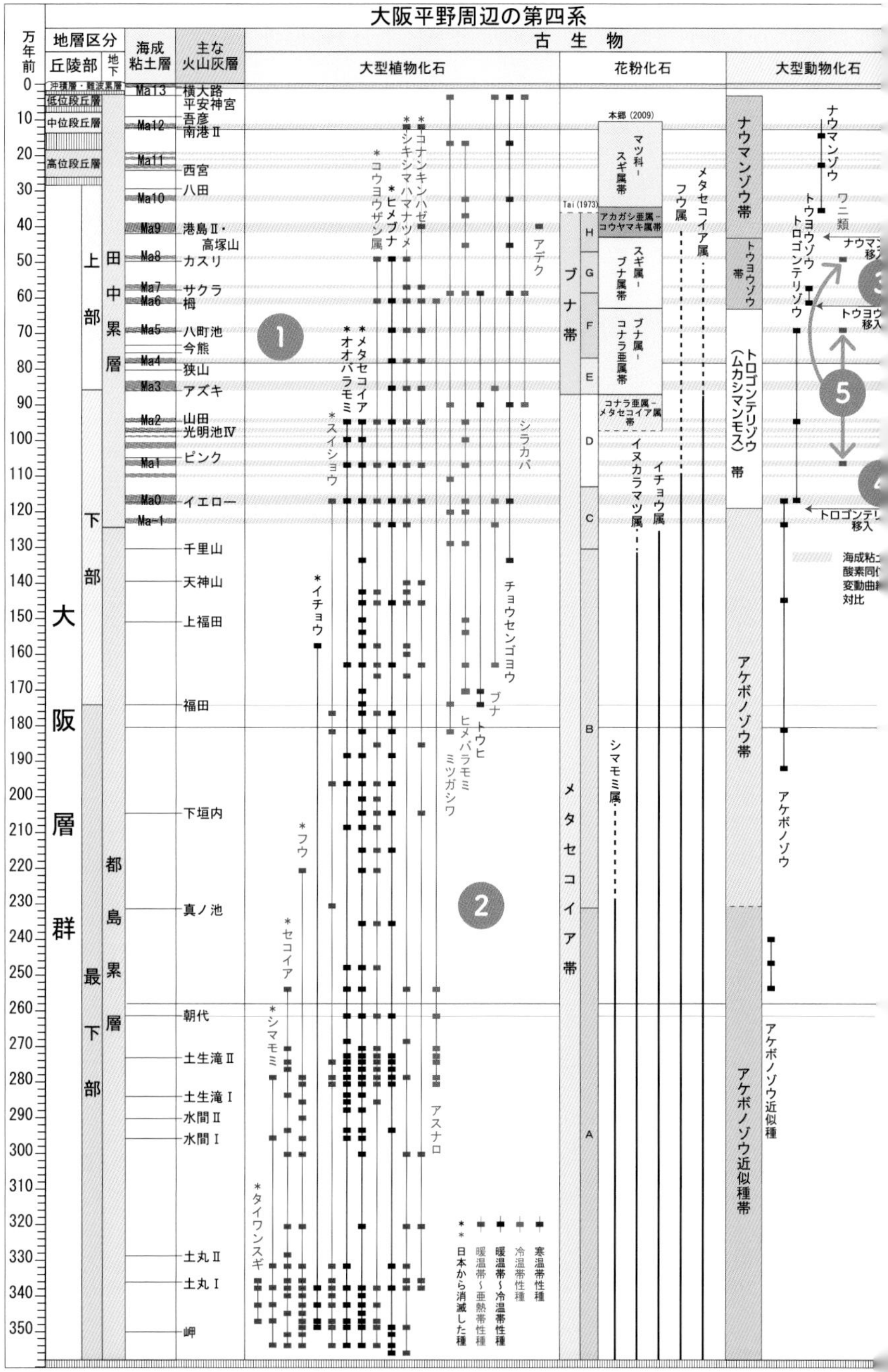

大阪層群の総合層序図

出典／市原（1993）の総合層序表を基本に、海成粘土層と酸素同位体変動曲線との対比は吉川・三田村（1999）と Momohara（2016）、火山灰層の年代は Satoguchi and Nagahashi（2012）、植物化石の層序は Momohara（2016）、植生帯区分は村田（2005）、大阪層群上部の花粉層序は本郷（2009）、ゾウ化石の産出層準と移入時期は小西・吉川（1999）および Yoshikawa et al.（2007）を参照した。

大阪層群の総合層序図 解説

地層は下から上に重なっているので、52～53ページの図も下が古く上が新しい。図の左端が何万年前かの目盛り、その右側が地層の重なり方を表している。丘陵と平野の地下での地層の区分の仕方、海成粘土層と火山灰層の順番や年代を示した。「古生物」の欄では、大型植物化石、花粉化石、大型動物化石の変遷を整理した。

右側の「古地磁気」欄Ⓐは、地層の中に含まれる磁鉄鉱などの鉱物が記録している地球磁場の変化を示す。黒塗りが現在と同じように方位磁針のN極が北を指す時代、白塗りが今とは逆に方位磁針のN極が南を指す時代である。地球全体で共通して起きる変化であるため、世界中の様々な場所の地層に同じように記録されていて、時代を比べる手がかりになる。古地磁気は大阪平野の地層でも調べられている。

古地磁気の左にある酸素同位体比変動曲Ⓑ（→第2章参照）は、気候変動曲線に読みかえが可能である。

大阪平野の海成粘土層が、どの間氷期にたまったかが薄い赤い塗りの部分でつないである。大型植物化石の欄を見ると海成粘土層の部分に暖かい所に分布する植物が、寒冷・冷涼な所に分布する植物は海成粘土層と海成粘土層の間に表示されている❶。元はといえば、暖かい場所に生える植物の化石が海成粘土層から、寒冷・冷涼な所に分布する植物が海成粘土層と海成粘土層の間の地層から見つかるため、暖かい時期に海成粘土層がたまったことがわかり、大阪平野の地層も氷河性海面変動の影響を受けていると推測された。大型植物化石の欄全体を眺めると、下から上に向けて温暖な所に生える植物の種類が徐々に減っていき、寒冷・冷涼な所に生える植物が徐々に増えていることが読み取れる❷。

大型動物化石の欄には、ゾウの仲間の化石の種類と、ワニの仲間の化石が表示されている。ナウマンゾウが見つかり始める少し前の約43万年前に特に寒い氷期がある❸ことから、このときに海面が大きく下がって大陸と日本列島が陸続きになり、ナウマンゾウが移入したと考えられている。同様に、トウヨウゾウの化石が見つかりだす直前の約62万年前の氷期も、約43万年前同様に特に非常に寒い氷期であったため、陸続きになってトウヨウゾウが移入したと推測されている。

トロゴンテリゾウ（ムカシマンモス）の化石が見つかり始める直前の約120万年前の氷期❹は、約43万年前や約62万年前ほど寒くはない。これくらい昔になると、現在とは山の高さや海の深さなどの地形の様子が違っていた可能性があり単純に比較することが難しくなるが、前後の時代の氷期に比べてより寒かった約120万年前には大陸と陸続きになったと推測することができる。ワニ類の化石が見つかるのは海成粘土層やその近くである❺。ワニ類は寒さに比較的強い種類だった可能性があることに加え、暖かくなる時期に分布を広げたのかもしれない。

（石井陽子）

ボーリングコアから見る大阪の地層

大阪の地層の研究は、丘陵にできた崖の調査で始まった。川に削られてできた崖や、工事によってできた崖で地層を調査したり、化石を見つけたりしながら、研究が進められた。

　沖積平野はほぼ平らなので、自然には崖ができづらい。そこで工事現場での調査や遺跡の発掘に加え、地面に機械で穴をあけ、筒を押し込んでその中に地層を取り込み、地中から取り出して調べるボーリング調査が行われてきた。この時に得られた円柱状の泥や砂の地層の塊をボーリングコアという。

　沖積平野の地層は軟弱地盤でもあるため、ビルや鉄道などを作る前にボーリング調査を行って、固い地層がある深さをあらかじめ調べる必要がある。このような建設工事に伴うボーリング調査データの蓄積により、地面から数十メートルの深さまでの、主に十数万年前以降の地層の重なりや分布について、豊富な情報が得られてきた。

ボーリングの仕組み

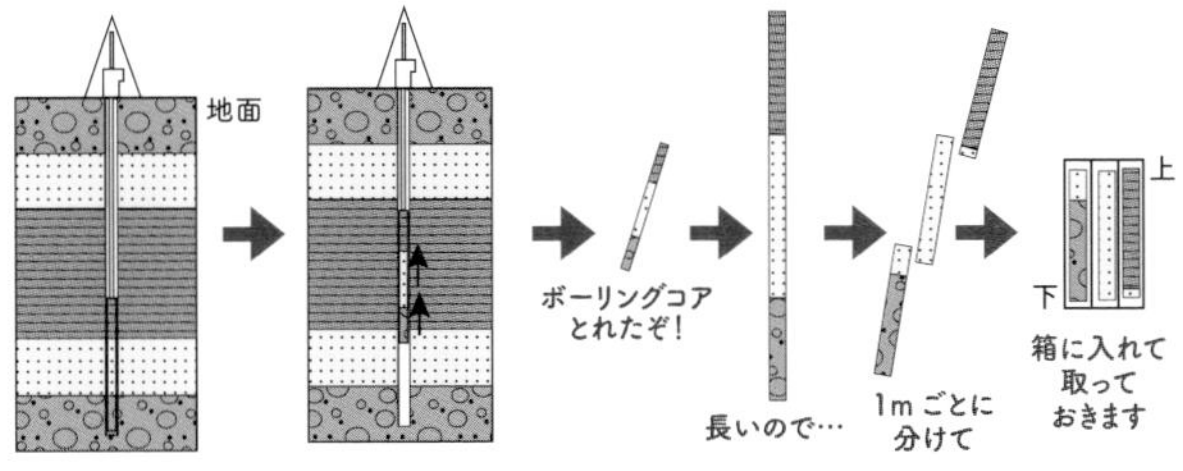

地面の中に筒状のサンプラーを差し込んで、そこの地層を取り出す。取り出したものをボーリングコアという。地下の地層の標本である。ボーリングコアは数mずつ、何回かに分けて採取する。そのまま保存するのは大変なので、1mごとに切り分けて箱に入れる。P56～57のボーリングコアも元々はつながっていたものである。

地盤沈下や活断層の調査が大きな契機に

　20世紀半ばになると、地盤沈下が社会的な問題になった。大阪の市街地の地面が下がってしまい、大きな台風が来ると浸水するようになっていたのである。原因を明らかにし、対策を検討するため、地下数百メートルにおよぶ9本のボーリングコアが掘削された。

　この時の調査により、大阪平野の地下には丘陵に分布するのと同じ地層が厚く堆積していることや、そこに含まれる地下水をくみ上げすぎたことにより、特に新しい時期にたま

主に氷期（寒冷期）の地層

氷期になると氷河が大きくなり、海の水が少なくなる。大阪平野では河川などの働きである淡水成の地層がたまった。

こちらが地層の上の方、つまり新しい地層

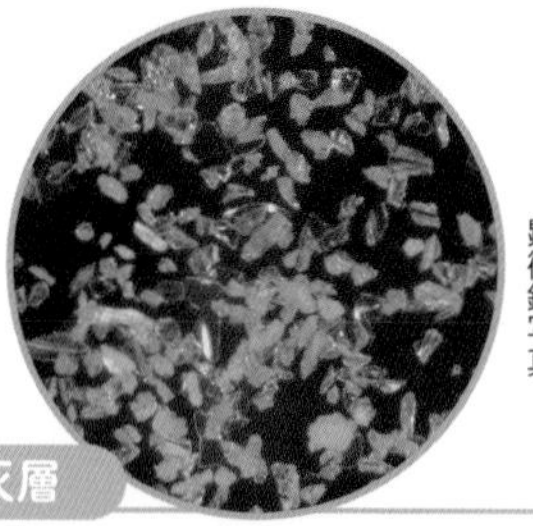

ピンク火山灰層の顕微鏡写真

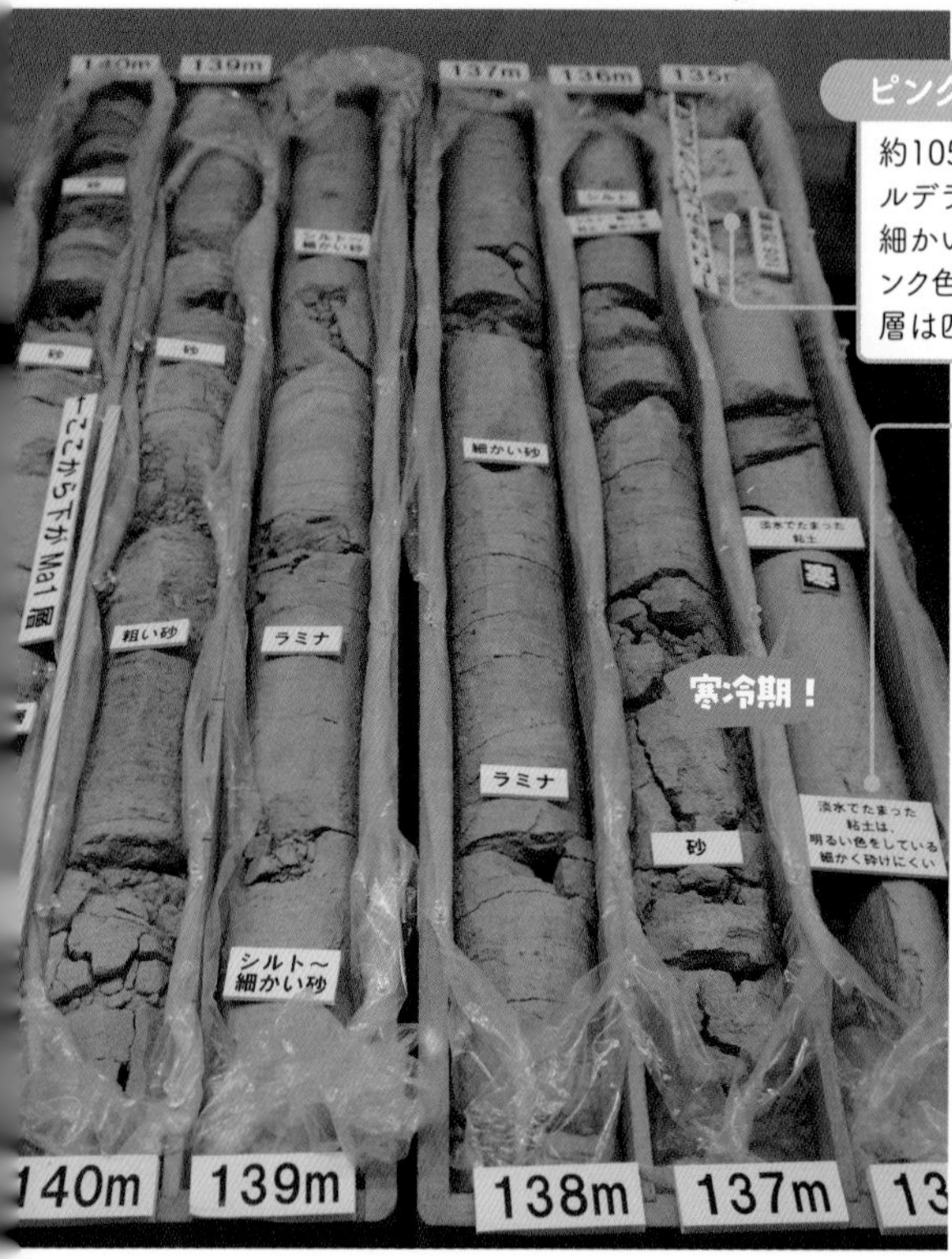

ピンク火山灰層

約105万年前に九州北部の猪牟田（ししむた）カルデラで起きた巨大噴火の火山灰。粗い火山灰と細かい火山灰が交互に重なる特徴がある。淡いピンク色をしていることからこう呼ばれる。同じ火山灰層は四国、近畿、関東、新潟でも見つかっている。

淡水でたまった粘土。海成粘土層とは違って、細かく砕けにくい。

った海成粘土層に含まれていた地下水が搾り取られて縮んで、地盤沈下が起きたことが明らかになった。

1995年には兵庫県南部地震が起き、都市の地下にある活断層が問題になった。大阪平野を南北に通る上町断層も活断層調査の対象になり、ボーリング調査が行われた。この時に得られたボーリングコアを対象に様々な研究が行われ、地層の重なり方がより詳しく明らかにされた。これまでに知られていなかった海成粘土層が、Ma1層とMa2層の間やMa0層とMa1層の間で見つかる、微化石や火山灰層の研究が行われるなどし、世界的な気候変動曲線との対比が可能になった。

大阪市立自然史博物館では、地盤沈下対策のために掘られたボーリングコアの一部や、兵庫県南部地震後の活断層調査で掘削されたボーリングコア、大阪市内の建設工事に伴う地盤調査のボーリング試料を収蔵している。ここでは「氷河時代」展でも展示した、活断層調査ボーリングの一つである大手前コアの一部を紹介しよう。海成粘土層には肉眼でもわかる特徴があり、展示したボーリングコアでも海成粘土層と、礫《れき》・砂・泥からなる河川成の地層が交互

主に間氷期（温暖期）の地層

間氷期になると氷河が小さくなり、海の水が多くなる。大阪平野には海が入り込み、海成粘土層がたまった。

こちらが地層の下の方、つまり古い地層

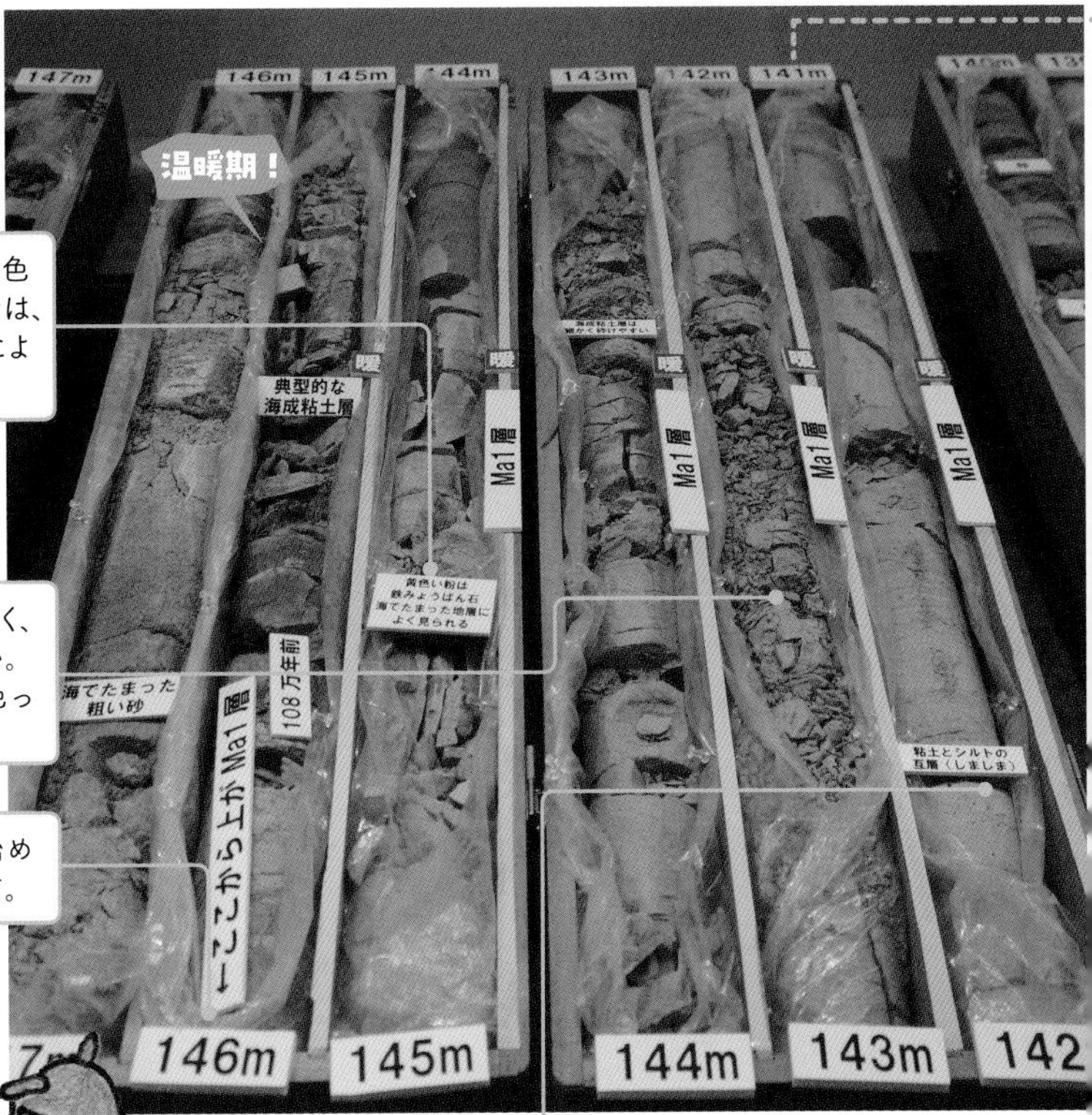

鉄ミョウバン石の黄色い粉。大阪平野では、海でたまった地層によく見られる。

海成粘土層は細かく、薄く、割れやすい。表面が黄色〜茶色っぽい。

Ma1層がたまり始める。約108万年前。

しましま模様

粘土とシルト（砂より細かく粘土より粗い堆積物）が互い違いに重なっている。

ボーリングコア

大阪平野の地層は、陸地でたまった礫・砂・泥の地層と、海でたまった地層である海成粘土層が交互に重なってできている。これは、第2章で紹介した氷河性海面変動の影響によるものである。実際に大阪平野で採取したボーリングコアを観察すると、海成粘土層と淡水成の地層を区別することができる。写真のボーリングコアは、大阪市中央区大手前で活断層調査の一環として掘削された大手前ボーリングコアの一部である。

大阪市立自然史博物館蔵

に重なっている様子が観察できる。（石井陽子）

最終間氷期後の気候変動と大阪

新しい時代になるほど地層や化石の研究が詳しく行われ、たくさんの情報が得られている。特に、12万5000年前以降については国内外で様々な方法を用いた研究が行われ、気候変動の歴史が詳しく明らかにされてきた。

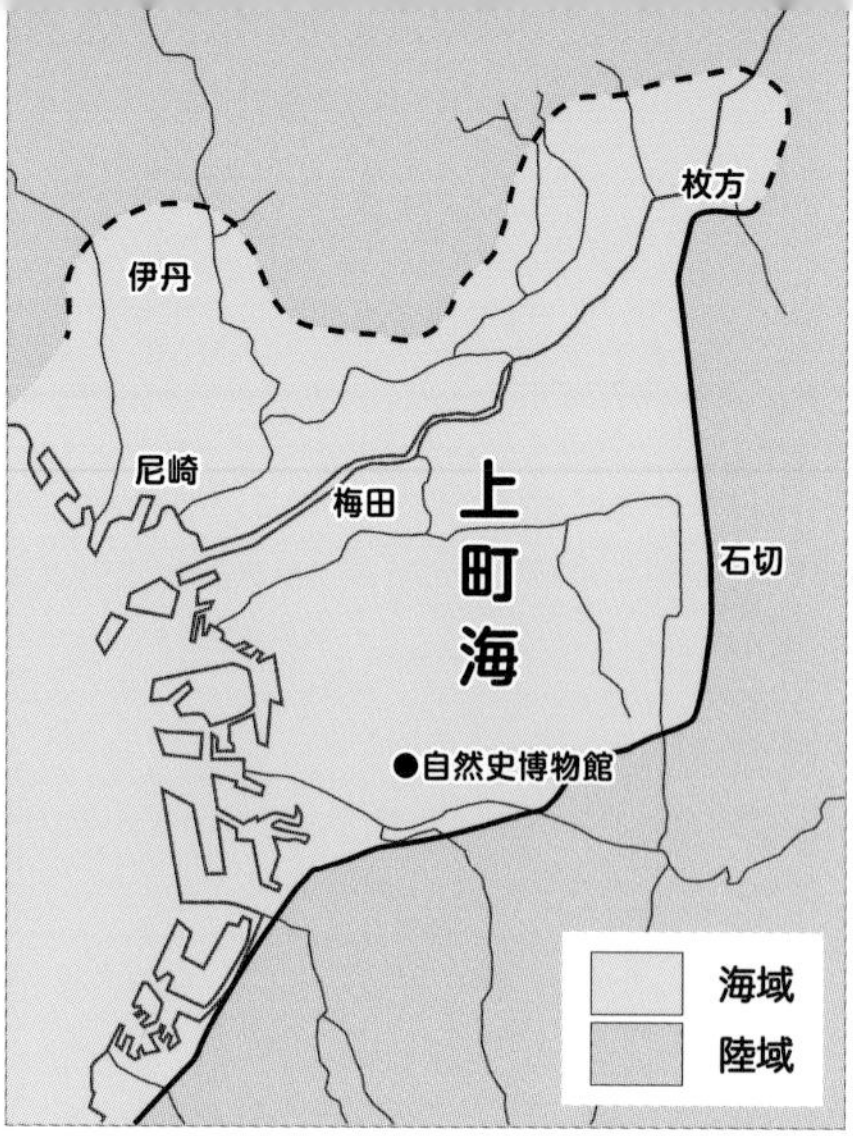

① 12万年前の古地理図
現在上町台地と呼ばれている高まりの地形はこの時代は海面下にあった。

温暖な最終間氷期から最終氷期へ

12万5000年前から7万年前が最終間氷期である。最も温暖だったのが12万5000年前で、海面が高くなり、大阪平野にも海が入り込んでMa12層がたまった。この時代のことを「上町《うえまち》海の時代」①ともいう。関東地方ではこの時期の海の広がりを、下末吉《しもすえよし》海進と呼んでいる。

各地で中位段丘と呼ばれる段丘面ができた時期でもある。この後、気候は寒冷化していくが、気候が少し暖かくなる時期が2回あったことが酸素同位体比などの研究で明らかにされている②。

最終氷期は7万年前から1万1700年前であるが、最終氷期の間にも寒暖の変化があった。7万~6万年前が寒冷な時期、6万~3万年前は寒さが緩み、3万~1万8000年前が最も寒冷な時期で最終氷期最盛期と呼ばれている。

最終氷期の間には、さらに短い数百~数千年周期の寒暖の激しい気候変動があったことが、グリーンランドや南極の氷床ボーリングコアの酸素同位体比の研究で明らかにされている。この気候変動は、ダンスガード-オシュガー・イベント、ハインリッヒ・イベントと呼ばれ、北アメリカの大陸氷床の拡大や北大西洋の海流が関係しているとされている③。

最終氷期の大阪は札幌並みの気温

約2万年前には海面が約120メートル下がって、瀬戸内海や大阪湾はそのほとんどが陸になっており、大阪周辺の海岸線は紀伊水道近くにあった。海面の低下に伴って河川勾配が急になることで、現在の大阪平野や大阪湾にあたる地域では、当時の淀川や大和川に相当する河川による下刻《かこく》（河川の水流が川底を浸食す

大阪平野の地層と15万年間前以降のできごと

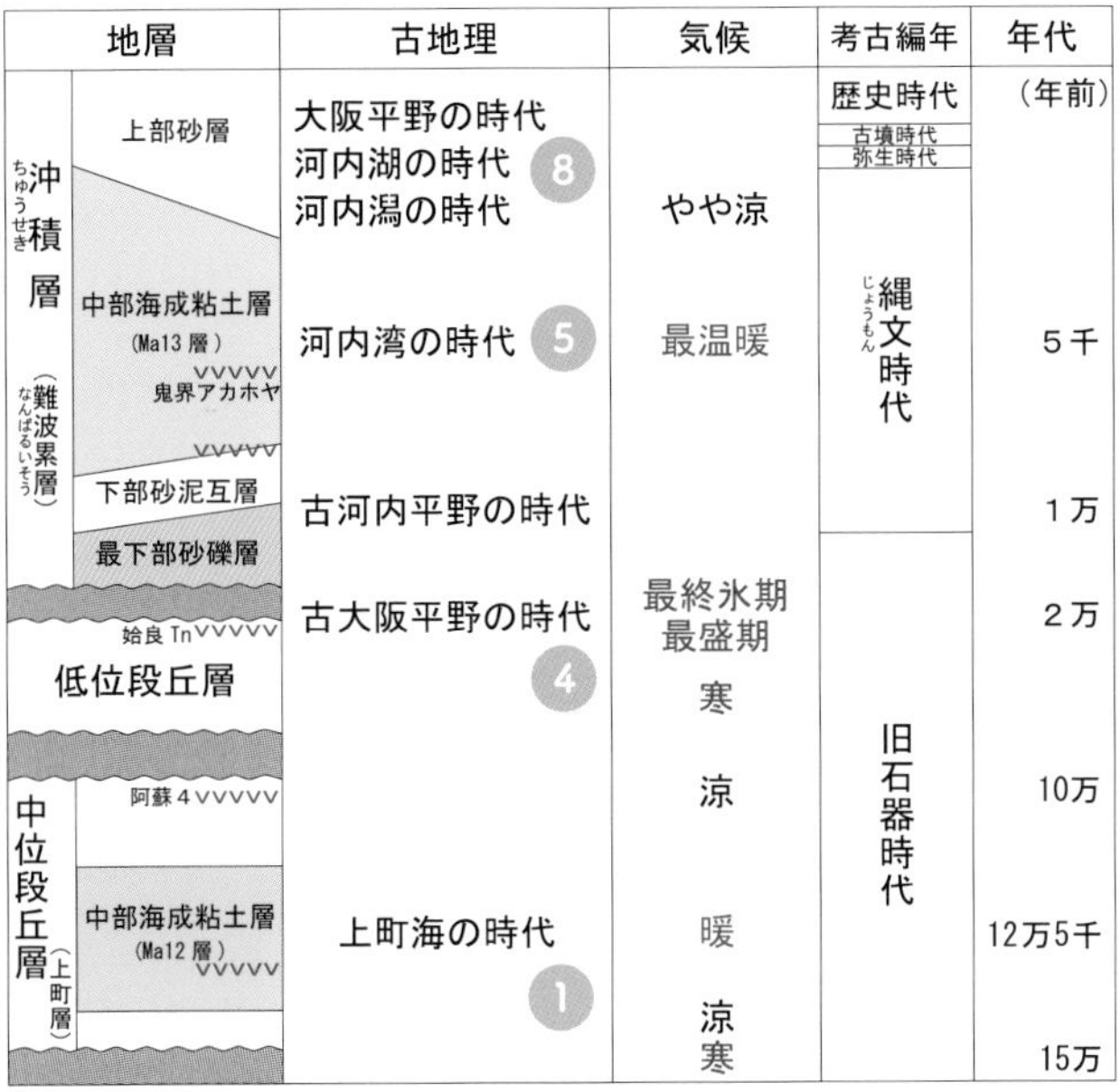

vvvvv　火山灰層　　出典／大阪市立自然史博物館（1986）を改変

大阪平野の地層と、それぞれの時代の地形の様子（古地理）、気候、考古編年を1つの図にまとめたもの。地層がたまっていない時代があることに注意。この時代の気候変動曲線は、❷を参照。

❷ 過去15万年間の気候変動曲線

最終間氷期の最初の時期がとても暖かい。この時代の大阪平野には上町海が広がり、Ma12層がたまった。その後、寒暖の変化を繰り返しながら寒冷化し、最終氷期が始まる。最終氷期最盛期以降に沖積層がたまった。

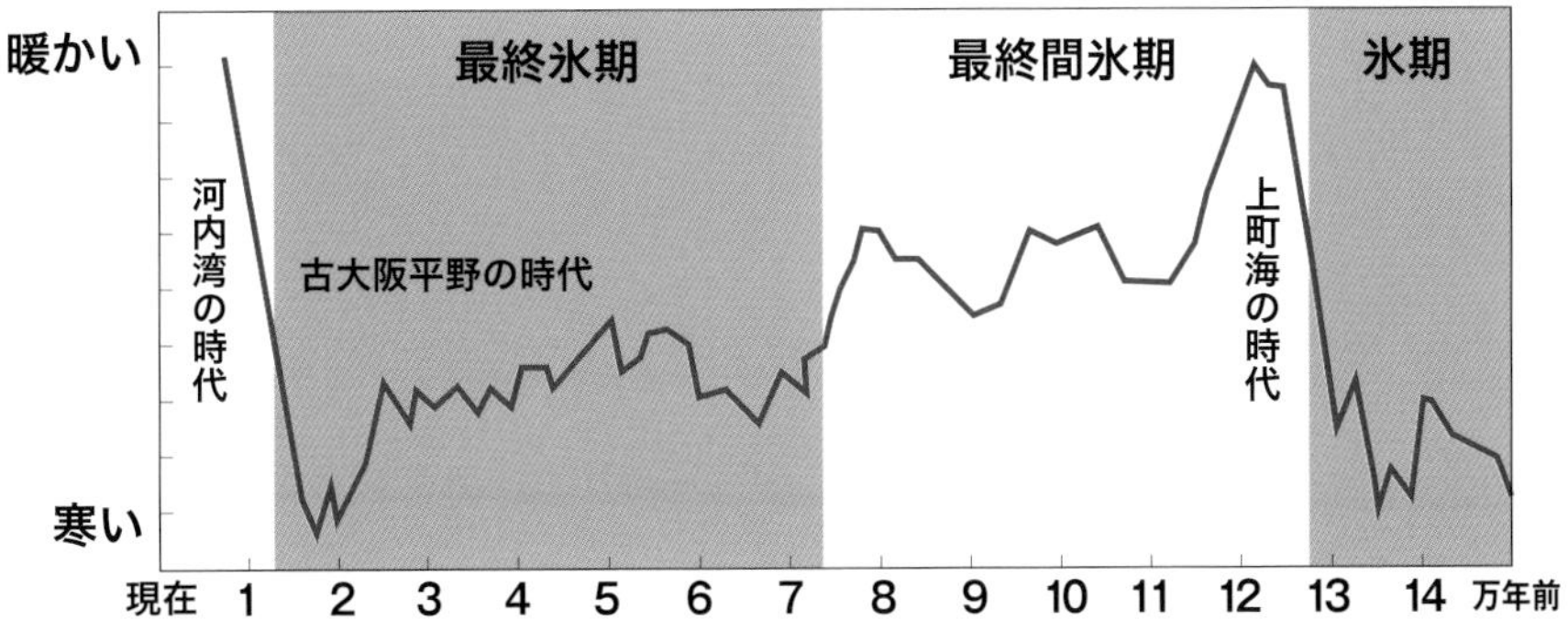

出典／The Geologic Time Scale 2012 の気候変動曲線に加筆

ること）が起きていた。

そのため大阪平野周辺は現在よりもかなり起伏の富んだ地形になっていたと考えられる。この時代を「古大阪平野の時代」❹という。この時期の地層は、大阪平野では淀川や大和川の谷から外れた場所や生駒山地のふもとなどの限られた場所に分布している。最終氷期最盛期の大阪は、年平均気温が約7℃低く、現在の札幌のような気温であった。

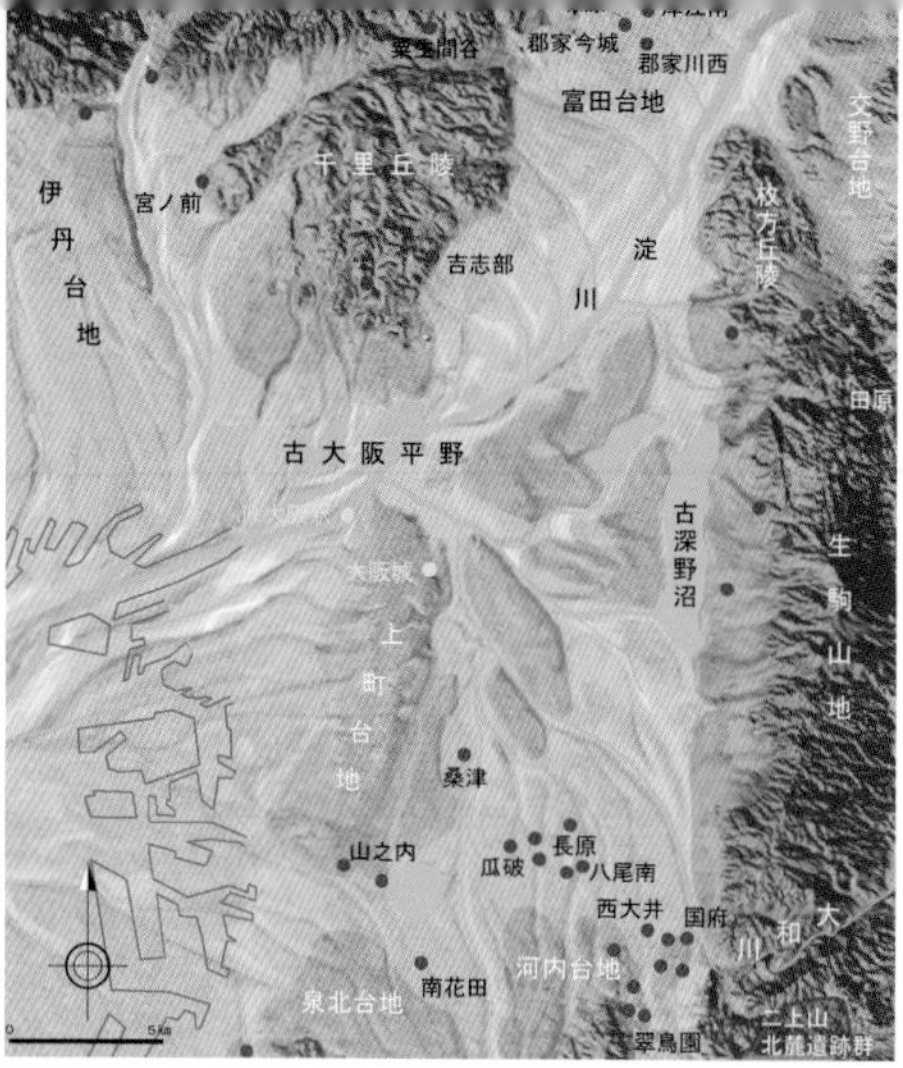

大阪市文化財協会（2008）

❹ 2万年前の古地理図

海面が現在より120メートルも低い時代で、海岸線は紀伊水道付近にあり、大阪湾は陸地だった。当時の淀川や大和川は谷を刻んでいて、古大阪平野は現在の大阪平野よりも起伏に富んでいた。

温暖化に向かうも「寒の戻り」が

最終氷期最盛期が終わった1万8000年前から1万1700年までの数千年の間に、気候は急激に温暖化し、最終氷期が終わりを迎えた。この時代には、少なくとも2回の「寒の戻り」があったことが知られている。

北ヨーロッパ地域の氷期の終わりから完新世にかけての湖沼堆積物の花粉分析を行うと、まず氷床が後退してツンドラが現れ、その後針葉樹

❸ グリーンランド氷床の気候変動曲線

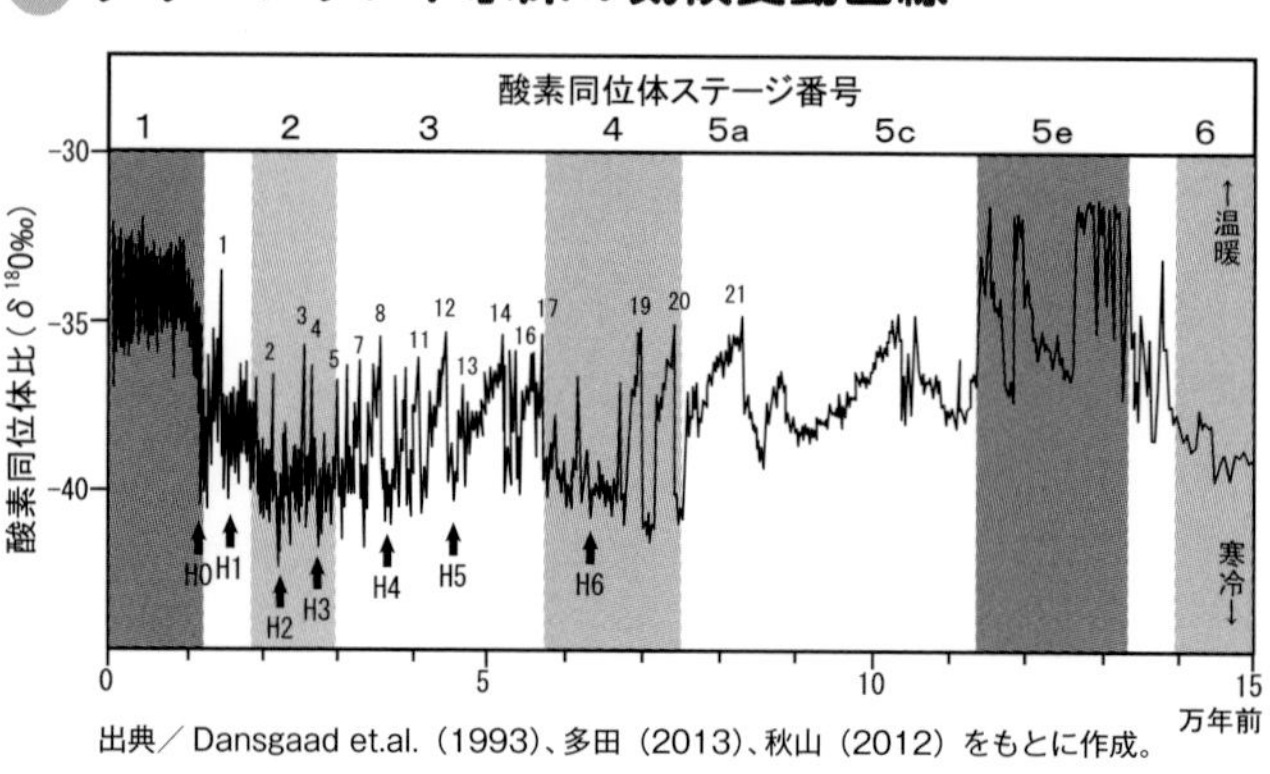

出典／Dansgaad et.al.（1993）、多田（2013）、秋山（2012）をもとに作成。

グリーンランドの氷床コア（GRIPコア）で得られた15万年前以降の酸素同位体比の変動曲線。海洋の酸素同位体変動曲線より細かい気候変動を読み取ることができる。一番上の欄は海洋の酸素同位体ステージとのおおよその対比。矢印とH1、H2などで示した部分がハインリッヒ・イベント。1～21の番号はダンガード-オシュガー・イベント。

林が広がったことがわかる。その途中で一時的に針葉樹林からツンドラに戻った寒の戻りの時期があることが知られている。

　その寒の戻りの時期は、ツンドラの植生を代表する植物のドリアス（和名、チョウノスケソウ・20ページ）から名前を付けて「オールダー・ドリアス期」「ヤンガー・ドリアス期」と呼ばれている。

　ヤンガー・ドリアス期が終わると、最終氷期が完全に終わり、現在へと続く後氷期が始まった。

2万年前以降の地層と気候変動

　最終氷期最盛期以降にたまった地層を一般に沖積層と呼ぶ。地域ごとに名前が付いていることもあり、大阪平野周辺では難波《なんば》累層《るいそう》とも呼ばれている。沖積層の底は最終氷期最盛期の地形とみなすことができる。

　最初にたまったのは砂礫《されき》層であり、現在の淀川流域や大阪湾部分に刻まれた当時の淀川の谷の底に分布している。この礫層に含まれる材化石などから得られた年代値は約1万2000〜9000年前であり、最終氷期の終わりから後氷期のはじめにかけての時代にたまったことがわかる。

　その後、後氷期になると寒冷化の時期を挟んで、7500〜5500年前の最温暖期を迎えた。気温は現在より1〜2℃高く、海面も現在より2〜3メートル高かった。この時代の海の広がりは、縄文時代でもあるため縄文海進とも呼ばれ、各地の海岸平野に海が入り込んだ。

　大阪平野では上町台地を半島状に残して海域となった❺。上町台地の西側は、海進に伴って波浪による海《かい》蝕崖《しょくがい》が形成された。現在の大阪市中央区〜天王寺区の上町台地西側の急斜面は、この海蝕崖の名残である❻。

　それに対して上町台地の東側は河《かわ》内《ち》湾と呼ばれる閉鎖的な内湾が形成された。この時代を「河内湾の時代」ともいう。この時の海にたまった海成粘土層がMa13層である。

湾が埋積され、潟をへて湖に

　約5500年前に海面上昇が収まると、河内湾では淀川の三角州が北東から南西へ、また南側からは大和川の三角州が成長し、徐々に埋積されていった。その結果、河内湾は徐々に海水から淡水へと変化していったことがわかっている。

　上町台地の先端の東側には縄文時代以降に形成された森の宮遺跡（大阪市中央区）があり、このような海

⑤ 5500年前の古地理図

最温暖期となり、縄文海進と呼ばれた海面上昇が起こった。

大阪市文化財協会（2008）

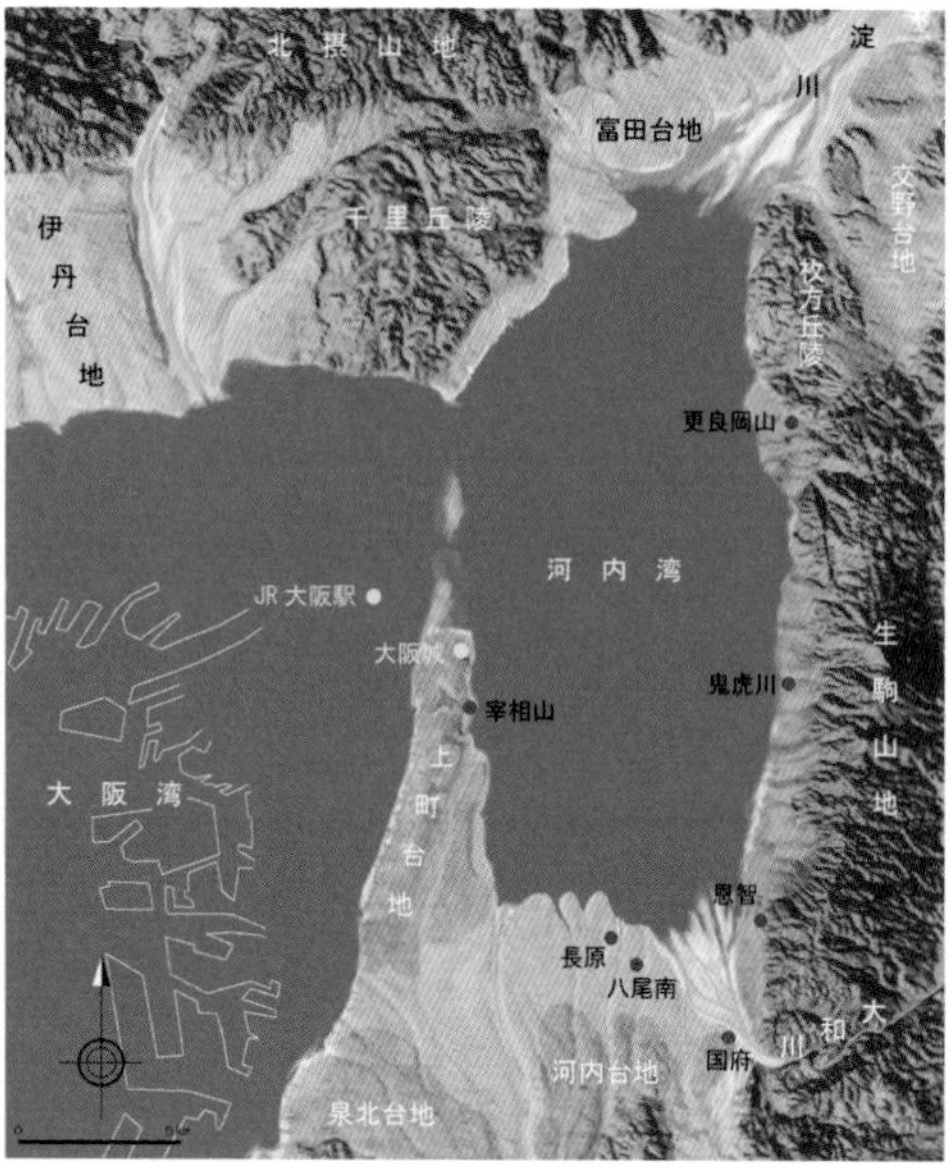

⑥ 上町台地西側の斜面

海進によって形成された海蝕崖が名残をとどめる。写真は口縄坂（大阪市天王寺区）。

域の変化をよく地層の記録に残している。森の宮遺跡で見つかっている貝塚⑦では、最初は海域〜汽水域にすむカキの殻が大部分であったものが、後に淡水にすむセタシジミの殻へと変化する。これは貝塚が当初は河内湾に面した場所であったものが、次第に汽水域から淡水域へ変化したことを示している。

上町台地の東側では河内湾が埋積していったのに対し、上町台地西側では何列もの砂州が上町台地に沿って発達し、海岸低地を作っていった。

約2100年前の弥生時代になると、淀川の三角州と上町台地西側の砂州の発達により、大阪湾と河内湾をつなぐ海峡部はほとんど閉塞され、上町台地の東側の水域は完全に淡水化し「河内湖」⑧となった。

その後、淀川・大和川の三角州による河内湖の埋積や上町台地西側の

7 森の宮貝塚

森の宮遺跡で発掘された、縄文時代中期～弥生時代にかけての貝塚層。大阪では数少ない貝塚である。

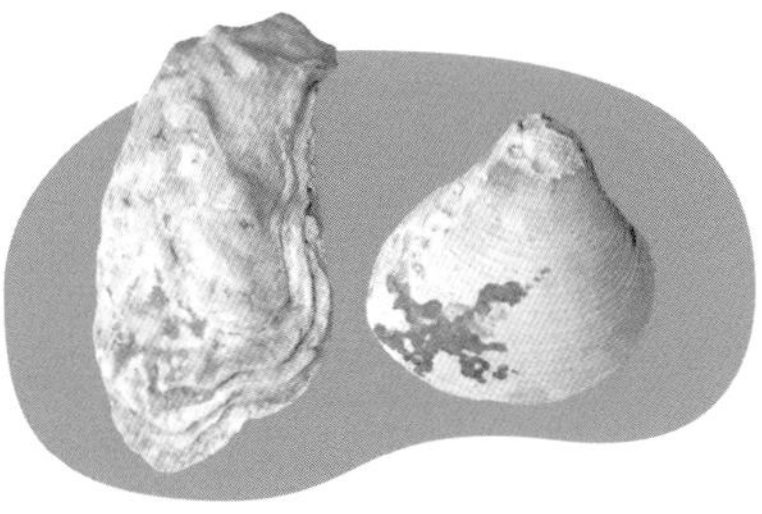

森の宮貝塚から出土したマガキ（左）とセタシジミ（右）。セタシジミは、琵琶湖水系にのみ生息する固有種。貝塚周辺の環境が、汽水域から淡水域へと変化したことを物語る。

大阪市立自然史博物館蔵

海岸低地はさらに拡大し、現在の大阪平野に近づいていく。これらの三角州や砂州をつくるのは主に砂層で、現在の大阪平野の地表付近に広く分布している。

5500年前以降の気候は、小規模な寒冷化・温暖化を繰り返しながら、大局的には徐々に寒冷化をしている。しかし、近年は化石燃料排出による温室効果ガスの影響で温暖化している。

（中条武司・石井陽子）

8 2100年前の古地理図

弥生時代の頃。三角州や砂州が発達して河内湾は淡水化し、河内湖となる。

大阪市文化財協会（2008）

トピックス

ふりかえり！ 地球の気候変動① 原始地球編

地球が誕生してから46億年の歴史の中で、気候も大きく変動してきた。地球初期には現在からは考えられないような、地球全体が凍結したような状態も存在したこともわかってきている。

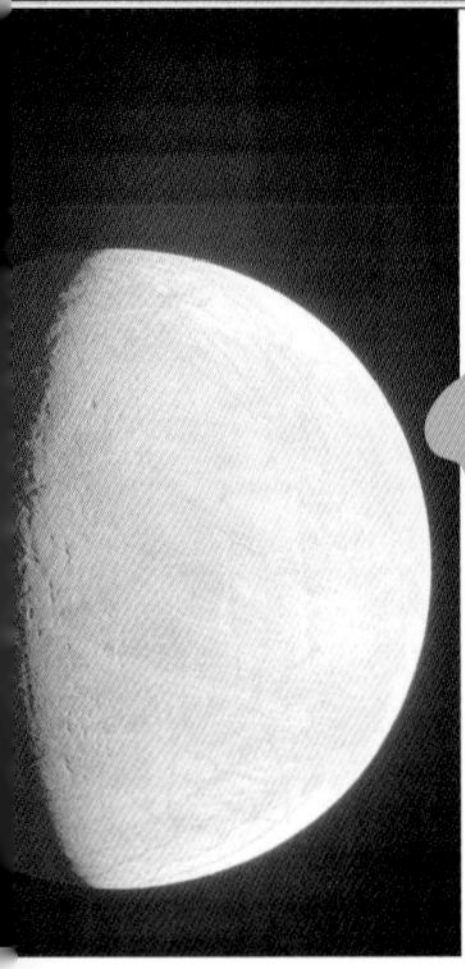

氷に覆われた星

木星の衛星エウロパは表面が氷で覆われている。地球もかつてこのような状態であったと考えられている。NASAの木星探査機ジュノーによる撮影。

写真 NASA

気候変動の様子とメカニズムを概観してみよう。

スノーボールアースになる

スノーボールアースという言葉は、地球の気候が極度の寒冷化によって全体が氷河で覆われて、海洋も表層が凍り付いてしまうと、宇宙から地球を見た時に、まるで巨大な雪玉（スノーボール）がぽっかりと浮かんでいるように見えるということで名付けられたもので、全球凍結という場合もある。

地球の気温を決定している大きな要素は太陽から受け取る熱（光）の量、地球自身の光の反射率（アルベドという）、そして二酸化炭素（以下 CO_2）などの温室効果ガス、この三者のバランスからなる。ここでは温室効果ガスを CO_2 に限って考えてみる。

自然状態の地球では CO_2 の最大の供給源は火山活動で、逆に最大の吸収源は、岩石の風化作用で大気中から CO_2 が取り除かれることだ。

より具体的には、風化作用により岩石から溶け出したカルシウムやマグネシウムなどの金属イオンが海水中に溶けていた CO_2 と結合して炭酸塩鉱物を作り、それが海底に堆積する。炭酸塩鉱物で取り去られた分の CO_2 は大気から海水に溶け込むことで、大気中の CO_2 が減少する。

風化作用は温度と正の相関関係を持っていて、気温が高いほど風化作用は進む。そのために、気温が低下すると風化作用が低下して、CO_2 吸収量が減ることで大気中の濃度が高まって、温室効果により気温が上昇する。逆に気温が上昇すると風化作用が盛んになり、CO_2を取り除いて温室効果が弱まり、気温が低下するという緩衝作用が働く。そのおかげで地球の気温は安定に保たれてきた。

ところが火山活動が現在の10分の1程度に弱くなると、CO_2の濃度が風化作用による緩衝作用を越えて低下してしまい、暴走的に気温低下が始まることがコンピュータシミュレーションで示された。そしてある程度以上に寒冷化して氷河が発達し、大陸が雪や氷で覆われると、太陽光の反射率が高まって熱の受け取りも低下し、さらに気温低下に拍車がかかる。そしてついには海洋の表層全体も凍結して地球全体が凍結した状態、つまりスノーボールアースになるのである。

今度は一転、温室効果

しかし、一度凍結状態になると永遠にそのまま、ということではないようだ。凍結状態でも海底や陸上の火山活動により、海水中および大気中のCO_2濃度は少しずつ増加し、大気による温室効果が高まり、一方で陸上は氷河に覆われて、且つ低温のために、風化作用による吸収はほぼない。

そのために、大気中のCO_2濃度が一方的に増え、温室効果が高まることで気温が上昇し始め、海洋の一部が溶け始める。海洋の氷が溶けると、太陽光の反射率が下がって熱を効果的に受けるようになって温暖化が進み、さらに海水温が上がることで、海水に溶けていたCO_2も大気中に放出される。温室効果が一段と高まって、一転して暴走的に気温が上昇し、全球が数十℃の高温状態となると考えられている。これは理論的な研究でのシミュレーションであるが、生命が絶滅してしまうようなことがなかったので、地球がスノーボールアースの状態になったことはなかったと考えられてきた。

ところが、実際に今から7億年前と6億年前の2回にわたって、地球がスノーボールアースになったという地質学的な証拠が、アフリカ南部のナミビアなどの地層に残されていることをアメリカの地質学者、ポール・ホフマン博士などが見いだした。

1 漂礫《ひょうれき》と層状炭酸塩岩

赤道付近まで氷河が存在したことを示す漂礫（氷河によって運ばれた礫。写真の人物のあたり）・氷礫岩（人物の足元より下部）とその上に積み重なる層状の炭酸塩岩（キャップカーボネイト）。原生代後期（約7億年前）。ナミビア。

写真　清川昌一氏提供

❷ ウルクム鉱山の縞状鉄鉱床

スノーボールアース状態で海が氷に覆われ、海水中に酸素が少なくなった後、氷が溶け始めた時に急激な酸化作用により鉄が沈殿し、縞状鉄鉱床が形成されると考えられている。原生代後期（約7億年前）。ブラジル。

写真　清川昌一氏提供

証拠とは、ドロップストーンなど氷河の存在を示す証拠が当時の赤道地域まで広がっていたこと❶と、地層中の炭素同位体分析から、生物活動がほぼ存在しなかった（光合成が行われていなかった）という分析結果だ。

凍結状態から高温状態への変化は、高濃度のCO_2を材料にした炭酸塩岩の堆積❶と炭素・酸素同位体の分析から高温状態の証拠が示されている。またこの時期に10億年ぶりに「縞状鉄鉱床」が形成されていることもわかり❷、これもスノーボールアースの状態と、その後の高温状態への変化の証拠と考えられている。

全球凍結は地層の証拠から22億年前にも起こったと考えられている。

石炭が原因の氷河時代も？

古生代以降の気候変動と二酸化炭素濃度の変動に関する研究によると、大規模な大陸氷床が発達しているのは、オルドビス紀末の小規模な時期を除くと、現在を含む新生代後期と約3億年前の古生代石炭紀後期からペルム紀の前半に限られることがわかっている。

そして石炭紀後期の氷床の発達（ゴンドワナ氷河時代）には、植物が大きく関係していると考えられている。地質時代の名前が示すように、この時期には大量の石炭がつくられた。石炭の形で炭素（CO_2）が物質循環の流れから取り除かれたことは、温室効果の減少を招いて、気温低下の原因の一つと考えられている。

もう一つの影響として、植物が陸上に進出し大繁栄をして、土壌が安定して保たれることで、岩石の状態よりも効率的に風化作用が進むようになり、CO_2の吸収が促進されたことも、相乗効果として寒冷化を促し、氷河時代が始まる原因となったと考えられている。

（川端清司）

第4章

森の古文書——植物から読み解く森の歴史

最終氷期の森林の姿

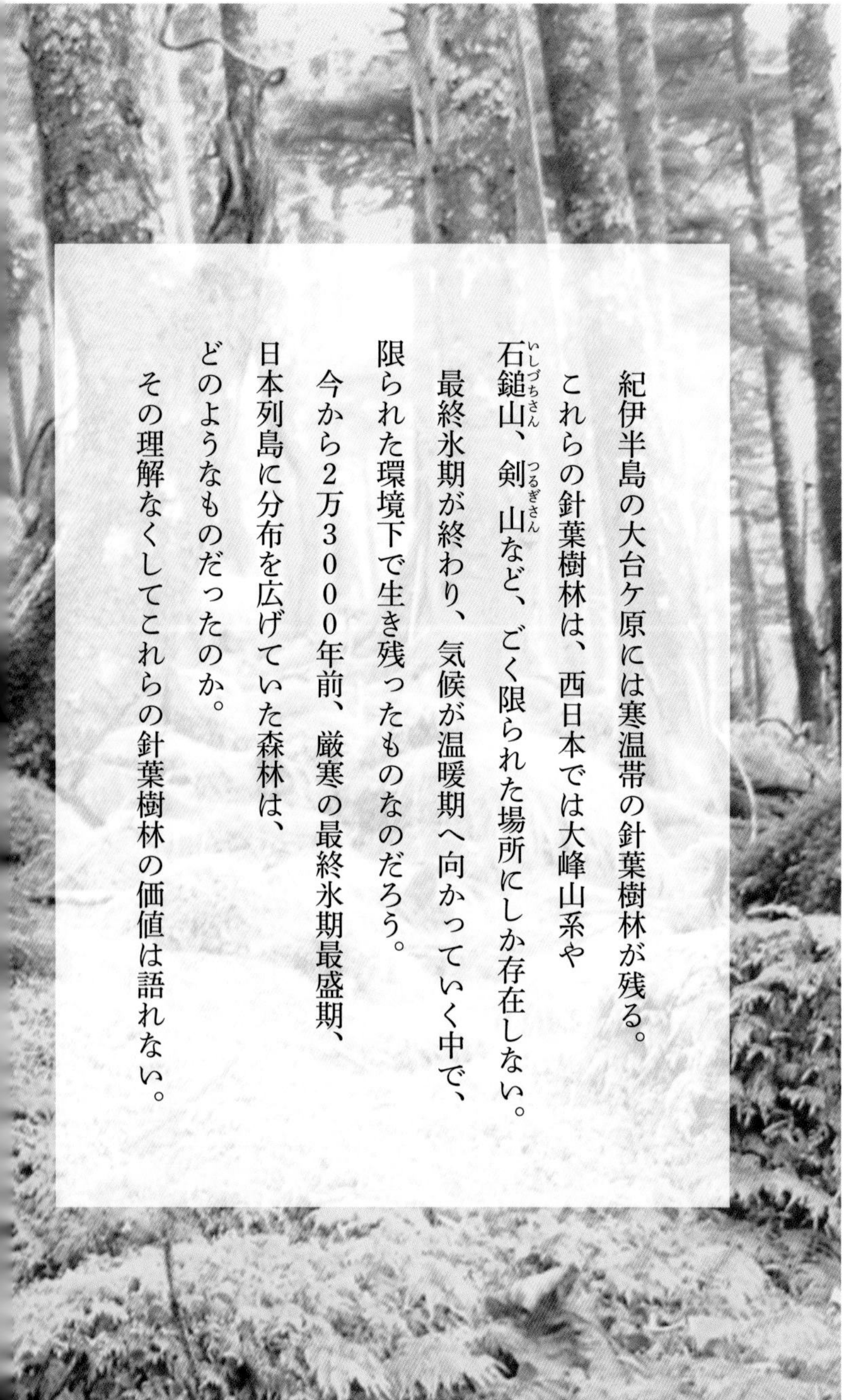

紀伊半島の大台ケ原には寒温帯の針葉樹林が残る。

これらの針葉樹林は、西日本では大峰山系や
石鎚山《いしづちさん》、剣山《つるぎさん》など、ごく限られた場所にしか存在しない。
最終氷期が終わり、気候が温暖期へ向かっていく中で、
限られた環境下で生き残ったものなのだろう。

今から２万３０００年前、厳寒の最終氷期最盛期、
日本列島に分布を広げていた森林は、
どのようなものだったのか。

その理解なくしてこれらの針葉樹林の価値は語れない。

自然の森の姿とは

南北に細長い日本列島には地域ごとに様々な森が見られる。植物はそれぞれ、得意とする環境条件を持ち、ほかの植物とその場の環境条件で成長を競い、よりよい成長を実現できる種が次第に広がっていき、その地域に特徴的な森を作る。

暖かく雨の多い南西日本では、冬でも盛んに光合成を行うことができる常緑広葉樹の樹木が有利になる。

雪のよく降る地域では、冬は寒さで光合成反応が十分に進まず、常緑の葉を持っていても有利にはならない。春に新しい葉を出してフルに光合成し、秋までに葉を落とす、短期集中型の落葉樹の方が有利になる。

実は積雪量の多いところは冬の乾燥がそれほど厳しくなかったり、雪がかえって保温になる。乾燥と真冬の低温は東北太平洋側や北海道道東の方がより厳しい。そうしたところでは乾燥に強い針葉樹の森になり、さらに夏場も含めて乾燥が厳しければ樹木の生長が悪く、草原が広がる。

細かくいえば広葉樹や針葉樹といっても、種ごとに特性は違うし、気候も局所的な微地形の影響を受ける。自然の森は、その地域の温度や降水量など様々な気候要素に影響されて成立している。

では、寒さの厳しかった最終氷期最盛期、およそ2万3000年前にはどのような森が広がっていたのか。当時の各地の気候に応じた森が広がっていたはずだ。

最終氷期最盛期の大阪は、今より年間の平均気温で7℃ほど低かったといわれる。これは現在の札幌の気温に相当する。このため、大阪には今よりずっと、寒い地域の森が広がっていたはずだ。そうした最終氷期最盛期の日本列島の森の分布を、ここでは二つの観点から考えてみたい。

一つは、どのような「森」があったのかという生態系のレベル。もう一つはどんな「種」の植物が生き残っていたのかというレベルだ。この二つは連動してはいるが、別の話だ。

どのような姿の「森」か

まずは森の単位で考えてみたい。

72ページのⒶは最終氷期最盛期の森林分布を想定した地図だ。各地域の湿地や湖のボーリング調査などにより得られた「花粉資料」による森林の情報と、地形や堆積物から得た当時の海岸線などを元に推定している。

　この推定植生図の中で、落葉広葉樹林をブナのある、なしを区分しているのはいくつかの理由がある。

針広混交林

ブナ林も必ずしも純林になるわけではなく、太平洋側の冷温帯上部ではウラジロモミやヒノキと混交林を作る。最終氷期の西日本にはこうした景観が広がっていた。瀬戸内低地ではブナの代わりにミズナラだったのだろう。

　それは花粉分析により、同じブナ科の樹木でもブナは明瞭に区別ができること。そして現在の日本を見ても日本海側でまとまって純林をつくるブナ林と、その他の温帯落葉樹林は構成種なども含めて大きく異なっていることから、区分できるなら区分した方が環境をよりよく推定できると考えたためである。

　海沿いを除いて西日本を広く覆っていたのは、温帯落葉広葉樹林だ。中でも瀬戸内地域には「ブナのない落葉樹と針葉樹の混合林」が広がっていたと考えられる。巨大な盆地地形は冬場の乾燥が厳しかったのだろう。花粉や植物化石から、ミズナラやカバノキ類、カエデ類、ウラジロモミ、ゴヨウマツ類などが見いだされている。

　同じ西日本でも太平洋側・日本海側に面した地域にはブナにコメツガなどの針葉樹が混ざった温帯の林が、かなり標高の低い場所まで広がっていたようだ。

　東日本には寒温帯の針葉樹林が山地を覆い、丘陵部まで迫っている。「寒温帯」とはなじみのない言葉かもしれない。日本の山地の針葉樹林は亜寒帯と呼ばれることも多いが、上部にダケカンバ帯を伴っている点で海外の亜寒帯針葉樹林より暖かいところに成立する針葉樹林なのではないか、という議論を反映した概念だ。この植生図を巡る議論でも、ツンドラに連なる寒帯とは異質な植生だと考えた。

　こうした植生図から、現在の各地域の森林の特徴や価値を議論することには意味がある。最終氷期の大阪平野などの景色を想像してみるのもよいだろう。最終氷期の生き物や人の暮らし方へのイメージが豊かになるだろう。

（佐久間大輔）

大陸側にはこの時期の堆積物の情報がほとんどなく、大雑把な推定となっている。

朝鮮半島から大陸にかけて、現在もブナ属は分布していない。

太平洋岸に比べ、日本海側に常緑広葉樹林のエリアが見られないのは対馬暖流がこの時期日本海にほとんど流れ込んでいないと思われるためだ。ただ、常緑樹も絶滅はしていなかったのかも。

高い山の存在も大きく影響する。中部地方や東北の高山には山岳氷河も発達する。

近畿地方には元々高い山がない。わずかに大台ケ原、大峰などにまとまった1500m以上の地域があるが、この周辺に寒温帯針葉樹林が広がっている。

常緑広葉樹の森は内陸には見られず、紀伊半島や四国の南端、九州南端など太平洋岸にへばりつくように点在している。海岸沿いは黒潮もあり、比較的穏やかだったのだろう。

最終氷期最盛期には海面が大きく下がっているために瀬戸内海は盆地となっていた。

現在の植物相からすれば「ブナのない」とすべきかもしれない。

A

約2万3000年前（最終氷期最盛期）における東アジアの植生図

現在の日本列島で人手が加わらなかったらこんな森であったであろうという植生図を、比較のためにP80に示している。比較して考えてみよう。

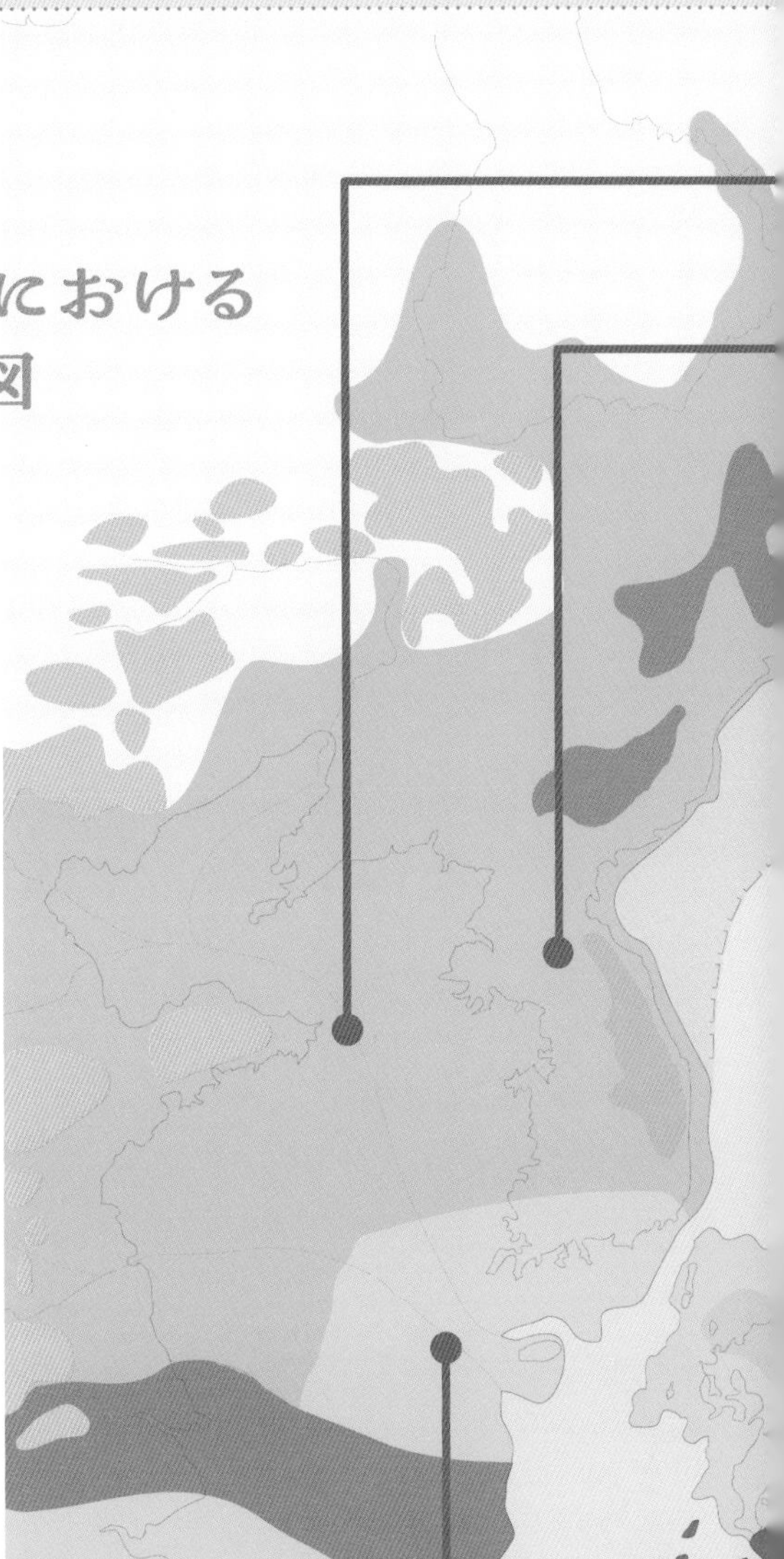

出典／那須（1980）、亀井ほか（1981）をもとに那須孝悌・趙哲済・清水和明 作図

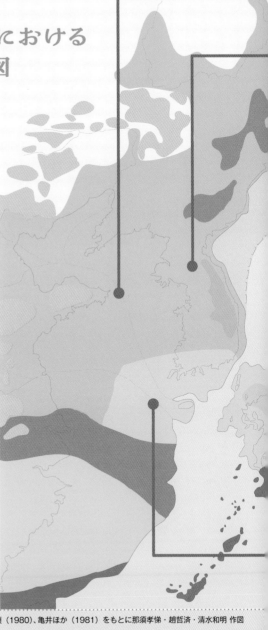

生き延びた植物たち

次に、どのような「種」の植物が生き残っていたのかを考えてみよう。

このように温帯から寒温帯の森が広がっていた最終氷期最盛期の近畿地方。では、この時期に近畿内陸部の暖温帯の常緑樹種はまったく死に絶えてしまったのだろうか。そうとも言い切れない。暖かい南側の斜面や、他の樹種が入ってきにくい急傾斜地などで、生き残る樹種も多かったのではないか。

最終氷期は全体としてはたしかに長い時間だが、最も寒かった時代はその中で2000年間ほどの期間だという。幹が倒れても萌芽《ほうが》を繰り返すようなアカガシのような巨木にとっては乗り切れない長さでもないだろう。他にも種子が土の中で長く休眠するような植物など不適な気候の期間を耐える仕組みを持つ植物は少なくない。

第四紀の気候変動は最終氷期だけではない。およそ10万年の単位で寒い時代と暖かい時代が繰り返してきた。不適な時期を生き残る術は重要だ。暖かい現代でも、北向きの谷奥や湿地などに寒い時代の植物が生き残る。現代よりもっと暖かった時代の名残として、東北の海岸近くに常緑のツバキなども生える。森としては残らなくても単木として生き残っている例はたくさんある。

こうした例は、最終氷期の寒い時代に地図では消えたかに見える暖温帯の植物が、細々とでも生き残ったと想像する有力な状況証拠になる。生き延びた種は、次の暖かい時代には素早く栄えることになる。

暖温帯林の拡大

最終氷期最盛期が終わり、その後の融氷期が終わったのはおよそ1万年前、縄文時代と呼ばれる時代だ。暖かくなり、海水面が最も高くなったのはおよそ6000年前の縄文晩

アカガシ

雑木林の間の社寺林にもアカガシはしばしば巨木として残る。萌芽を繰り返し幹を入れ替えながらしぶとく耐えるこの常緑樹はかなり長命ではないかと考えられる。

期になる。その間に大阪の風景は一変したはずだ。

　最終氷期には瀬戸内海まるごと盆地だった状態から、海面上昇により、縄文晩期には大阪平野は海に沈む。現在の大阪城のあたりが岬となって上町台地が半島上に南から北へ突き出し、現在の梅田も東大阪も平野も大きな内湾の中だった。（62ページ⑤）

氷期来りなば、
間氷期遠からじ
絶対芽生えてやる
現実にはドングリで生き残ることはキビシイ

　大阪湾の夢洲《ゆめしま》沖の海底に堆積した泥の中に含まれる花粉の調査結果によれば、最終氷期最盛期からヤンガードリアス期にかけての地層には樹木の花粉とともに、たくさんの草本の花粉が見いだされている。イネ科、カヤツリグサ科、そしてキク科のヨモギ類を多く含んでおり、まだ水面が低かった時代に夢洲あたりまでヨシ原や低地の草原が広がっていたことを想像させる。

　それら草本の花粉は暖かくなると一気に見られなくなる。海面上昇によりヨシ原であった低湿地が内湾や汽水湖となり、陸地が失われたこと、逆に陸上では樹木が育ち森が深くなったためだろう。

　北摂や生駒などの山の斜面の森はどう変化したのだろう。平均気温が上がったからといって、それまでに広がっていた落葉樹やゴヨウマツの森が一気に枯れてなくなり入れ替わるわけではない。ゆっくりとした変化になる。

数百年かけた移り変わり

　夢洲沖の堆積物の分析結果（77ページ）によると、最盛期以降にナラ類やシデ類が増加し、さらに９８００年前にエノキやムクノキなどの落葉広葉樹が増える。

　その後に９０００年前頃から常緑のカシが増えるという移り変わりが見られる。５４００年前から２９００年前までの時代が最もカシの多い時代となる。生駒山の南西に30キロ離れた池上曽根《いけがみそね》遺跡（大阪府和泉市）などの堆積物の分析結果からも、植生が変化するタイミングが少し違うが、ほぼ同様の変化が見られる。

　カシが増える時期に、ツガやスギ、コウヤマキなどの針葉樹が一緒に増

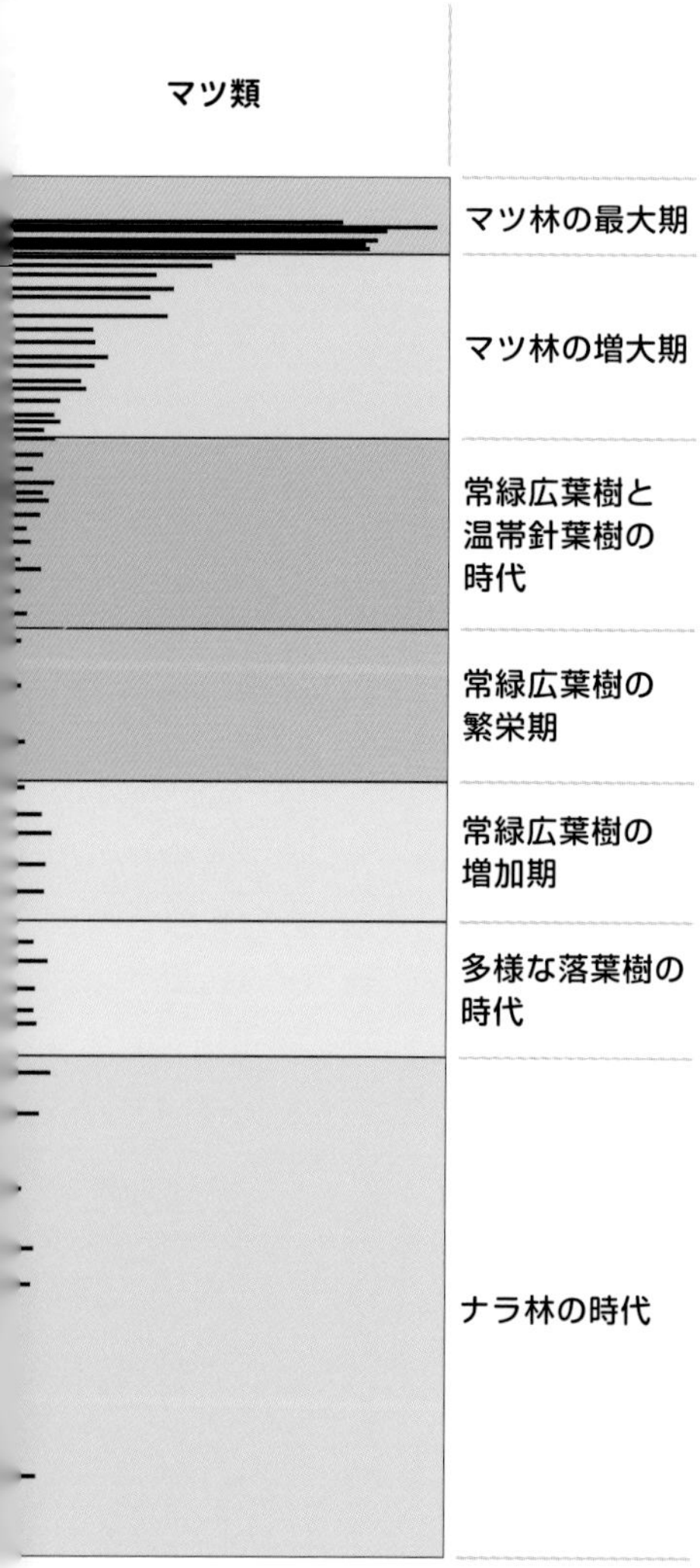

北川ほか（2009）の一部を抜粋・着色して表示言語を日本語に変更した。また各花粉帯の特徴を追記した。© 日本第四紀学会

えている。これらは、針葉樹の中では寒い地域に生える樹種ではなく、むしろ暖温帯まで分布する針葉樹だ。

しかし、これらの樹種はその後減少する。人間活動の影響だ。加工のしやすい有用樹種として、楔《くさび》により巨木を割って加工するなど、古代の人々に最初に利用された。その後、さらに人の活動が活発になると荒地に生えるマツが増え始める。

およそ1200年前まで、カシの多い時代は続き、その後は松林の広がる里山の時代になる。もはや気候だけでは植生が決まらない時代がやってきた。

カシはどこからやってきた？

温暖化により広がったカシ類はどこからやってきたのか（78ページ写真）。最終氷期最盛期に、常緑カシの森は紀伊半島南端部など、遠く紀伊半島南部に限られていたはずだ。分布の拡大は思いのほか長い時間のかかるプロセスになる。

カシやシイのドングリが鳥やネズミに運ばれるといっても、ネズミでは多くが10メートル程度、最大でも50メートルがほとんどだ。カケスは

夢洲沖の地層に含まれる植物花粉

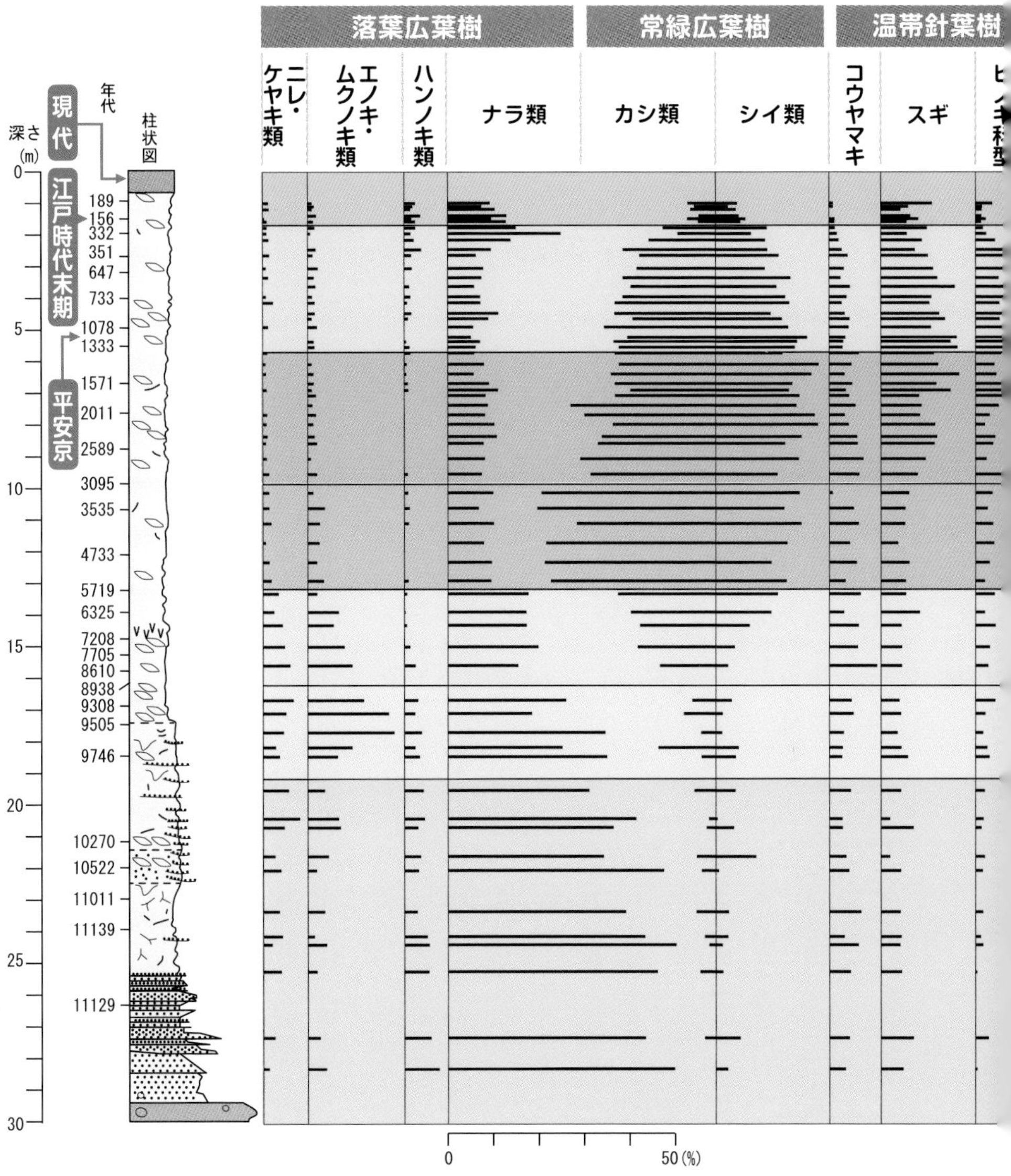

大阪湾夢洲沖の地層に含まれる最終氷期以降の植物花粉。最終氷期以降の1万2000年前から現代に至るまでを調べた。図は下のものほど古い。横棒の長さはその地層で見つかった花粉の数。虫媒花の花粉は見つかりにくいが、花粉が多いほどその森が広がっていたと推定される。

社寺の背後に広がるシイ・カシ林

最終氷期が終わり温暖な気候の中、大阪周辺では常緑カシが比較的早く回復している。丘陵地の南斜面などで氷期を耐え忍び、細々と生き残った個体が果たした役割は大きいと思われる。

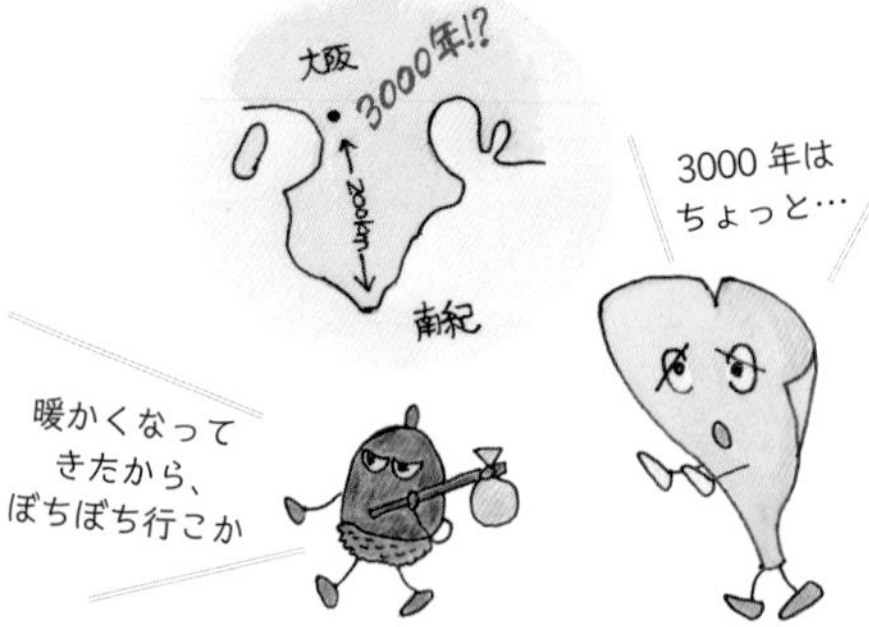

氷期に南紀などで細々と生き延びていた暖温帯の常緑樹は、温暖期になったといって、すぐに分布を拡大できるわけではない。ドングリが鳥やネズミに運ばれたとして、そこで芽吹き、大きくなって実をつけて、また運ばれるということを繰り返すと、南紀から大阪まで3000年かかる。

尾根づたいなら1〜1・5キロほどの距離を運ぶことができるという。ドングリが運ばれてそこで芽生え、20年ほど成長してやがてドングリをつけるようになって、そのドングリがさらに動物によって運ばれという、気の長い繰り返しだ。

もしも紀伊半島南部にしか常緑樹種が残っていなかったのなら、和歌山串本から大阪の生駒山のあたりまで、２００キロ近い距離を移動する必要がある。それには１５０世代ほどの時間が必要になるだろう。ドングリが芽生えてから成長し、再びドングリをつけるまで20年と考えれば、この移動にかかるのは最短でも３０００年かかる計算だ。

カシの森が広がる時代は日本海側で遅れるなど地点により異なることは知られている。その遅れを動物による伝搬と捉える研究もあるが、近年の高精度な年代決定を伴った研究などによると、大阪周辺では常緑カシが計算よりかなり早く回復している様子も見られる。

丘陵地の南斜面などで氷期を耐え忍び、細々と生き残った個体からの回復も重要なのだろう。もちろん常緑樹種の最大の供給源は南紀などの生き残り場所（レフュージア）にあったと思われ、花粉などによる遺伝子交流も含め、最も重要な地域であったことは確かだ。

（佐久間大輔）

「自然」の背景に氷河時代がある

最終氷期最盛期と縄文晩期の暖かな時代に限らず、第四紀を通して日本の自然は寒い時代と暖かい時代の繰り返しによって形成された。

今私たちの周りに残る自然は、それぞれごく一部に押し込められたのちに生き残った、数の少ない先祖から増えていった子孫で構成されている。正確に言えば、さらにその後に広がった人間の活動の影響を生き残った生物たちが私たちの身の回りの自然を構成している。

80ページのⒷは、現在の気候で、人間の影響がなかったとしたら、こういう植生が広がっていただろう、という植生図だ。

この図だけで見るとべったりと広がる常緑広葉樹林も、最終氷期最盛期の植生図と見比べながら考えてみたい。どのように変化してきたのかを想像しながら眺めてみると、見えてくるものが大分違うだろう。

氷期と間氷期を生きた森

見比べると予想できるように、暖かい森でいえば関東には伊豆や房総で生き残ったものの子孫、関西でいえば南紀、九州では宮崎や鹿児島の子孫というように、同じ種ではあってもそれぞれの地域ごとに由来が違っている。実際、詳しくDNAを調べるとそうした違いが検出される動植物はいくつも見られる。

寒い時代に繁栄し、今は山の上でばらばらになっているブナなども、紀伊半島などの太平洋側の集団、日本海西部、東北の集団というように遺伝的に分かれていることが確認されている。現代ではこうしたDNAの研究からも、寒い時代にどんなふうにその植物が広がっていたのか、暖かい時代はどうなっていたのかと考えるための手がかりが得られるようになった。

例えば寒温帯で見られる針葉樹林などもその例だ。東北から中部の山岳地帯に広がるトウヒ、コメツガ、シラビソなどは西日本では紀伊半島の山地や、四国山地などの頂上部に、ごく限られて残っている。

標高の高い大台ケ原や大峰山系にはウラジロモミとブナの混交林、トウヒ林などが見られる。オオヤマレンゲなどこの森林帯の希少種は見られるが、中部山岳地帯のような「高山植物」は見られない。（82ページへ）

高山植物は高い山に孤立している。場所によっては最終氷期最盛期に同じ植生帯で隣の山とつながり、遺伝子交流ができたものもあるが、寒くなっても孤立したままの場所もあり、そうした場所では遺伝子の多様度も低くなっている。

北海道の東西は冬の寒さや乾燥が異なることから、植生を分けた。

東北の日本海側は広くブナ林としたが、太平洋側は比較的ブナが少ない。ここでは積雪などの冬の条件を重視し、別の植生帯とした。

東北太平洋側の温帯落葉樹林と西日本の温帯針葉樹や落葉樹の多い、いわゆる「中間温帯」には共通する植物も多い。試みに対応する植生帯と位置づけた。

朝鮮半島南部は常緑広葉樹をほとんど欠いている。また、ブナ属植物も半島部にはいない。このため、日本の植生と対比することがしばしば難しい。最終氷期最盛期の植生と対比するために試みに書いた図となる。

木浦から釜山にかけての南端海岸沿いに常緑樹林。

南部にコナラやアベマキ、ナラガシワ、シデ類を主体とする温帯落葉樹林。

その北側（標高では上部）にはモンゴリナラを主体とする冷温帯、さらに上部に寒温帯針葉樹林。


(1973) などを参考に佐久間・塚腰により編集・作図

B

現代の東アジアの植生図
(人間の影響がない場合を仮定したもの)

- 乾燥したまばらな草地および砂漠
- グイマツなどのカラマツ類が広がる落葉針葉樹林(タイガ)
- カバノキ類の多い森林ツンドラ(亜寒帯林)
- トウヒ属を主体とした常緑針葉樹林(寒温帯針葉樹林)
- モンゴリナラやミズナラとトドマツなどの針葉樹が混ざる林(温帯針広混交林)
- ブナ林(日本列島)、モンゴリナラ林(大陸側)(温帯落葉広葉樹林)
- コナラなどの落葉広葉樹とモミ・ツガなどの針葉樹が混ざる林(中間温帯林)
- シイやカシ、クスノキ類などが混ざる照葉樹林(暖温帯常緑広葉樹林)

出典／堀田（1980)、Hou（1983)、野嵜・奥富（1990)、WALTER（1973)、WOLFE（1979)、YIM（1977)、YIM & KIRA（197

こうした「今、見られる自然」の背景に寒かった時代、暖かかった時代を経てきた過程がある。国立公園であり、ジオパーク・エコパークにも指定される大台ケ原は様々な魅力、価値を持っているが、こうした歴史の変遷を刻み込んでいるところも重要な点だ。是非その歴史に思いを馳せてほしい。

もはや樹木が育たない高山の草原に茂る高山植物の中にも、歴史は刻まれている。

チョウノスケソウ (P20も)

北極圏のツンドラ帯に広く分布しているバラ科植物。中部山岳地方はチョウノスケソウの世界的な分布の最南限にあたる。氷期に北方から分布を拡大した集団が、間氷期に高山帯で孤立化しながら生き延びた。写真は花が終わった後の時期のもの。

写真　松江実千代氏提供

中部山岳地方に分布するチョウノスケソウは北極周辺に広がる植物であり、日本では寒い時代に分布を広げたものが高山で生き残った遺存種だ。研究により、少ない生き残りから広がっていること、孤立の歴史が長いために、大陸の生育地の集団に比べ遺伝的多様度が低下していることがわかっている。

遺存種の残る環境

地図に記されないレベルでも自然の歴史はあちこちに刻み込まれている。

京都市内、京都府立植物園からほど近いところに「深泥池《みぞろがいけ》」という池がある。雑木林に囲まれた静かな池は雨水と湧水で維持され、貧栄養な水辺環境にミズゴケ湿原やミツガシワ群落が発達している。尾瀬や八《はち》幡平《まんたい》など冷涼な地域に行けば大きく広がるミズゴケ湿原も、京都市内の低地に残るとなると奇跡的ともいえる環境であり、天然記念物となっている。

深泥池に残るミツガシワ群落

京都市内の低地にもかかわらず、ミズゴケ湿原が残る深泥池（京都市北区）。最終氷期の植物の生き残りの場所になっている。

深泥池にはオオミズゴケ、ハリミズゴケなど各種のミズゴケや、ミツガシワ、ホロムイソウ、サワギキョウなど氷期遺存種と呼ばれる植物が数多く分布している。まさに、最終氷期には周辺の湿地にも広く広がっていたと思われる植物たちが、周辺

コバナノワレモコウ

近畿地方では水田のあぜなどの湿った、かつ定期的に草刈りをされる場所でかろうじて生き残る。

では絶えていく中でここだけに生き残ってきたという形だ。

寒い時代に常緑のカシやツバキが生き残った可能性の話を書いたが、これは逆に暖かくなった現代の京都に寒い時代の植物が生き残る実例だ。湧水や貧栄養な立地が他の植物の生育を妨げ、深泥池の動植物に生存の余地を残したのである。

これほどではなくとも、近畿各地の貧栄養な湿地環境には、しばしばコバナノワレモコウ、サギソウ、トキソウ、ヘビノボラズなどの遺存種が隔離分布する。大阪でも地黄《じおう》湿地や信太山《しのだやま》周辺の湿地群、生駒北麓の棚田周辺などにこうした貴重な植物の生息する環境が残されている。こうした植物の中にかつての寒い時代の名残は見いだせる。

ほかにも大阪に至る瀬戸内地域には、国内ではこの地域にしか分布せず、朝鮮半島・中国大陸の草原に続いていく植物群が知られている。これらも寒く、乾燥し、草原が広がっていた時代の遺存種といえる。レンリソウ、カワラサイコ、コオニユリ、アイナエ、アマナなどの草地生の遺存種は、里山周辺の採草地やはげ山に生き残ってきた。

樹木の中にもノグルミなど、森林ではなく草地周辺の疎林に生えるものはこうした草地の植物と似たような歴史をたどってきたのかもしれない。

一方、もっともっと長い時間を生き残ってきた遺存種もいる。10万年サイクルの氷期や寒氷期ではなく、数百万年前、第四紀より前の暖かい気候が長く続いた古い時代に栄えた植物だ。

イチョウ、メタセコイアなどの植物は暖かく、雨の多い地域の湿地に生き残った。ヤマグルマも日本を含め東アジアの海岸沿いの、暖かく湿度の高い環境が長く続いている地域に点々と生き残っている。

こうした植物が生き残る場所は、海や地形の影響で湿潤な条件が長く続いている世界的にもまれな場所なのかもしれない。温暖なだけではだめなようで、現在のような温暖期でも再拡大はあまりしていないようだ。現代に繁栄するもの、古い時代から長く生き残るものが混ざり合って豊かな自然は構成されているのだ。

（佐久間大輔）

トピックス

氷河地形模型の作り方

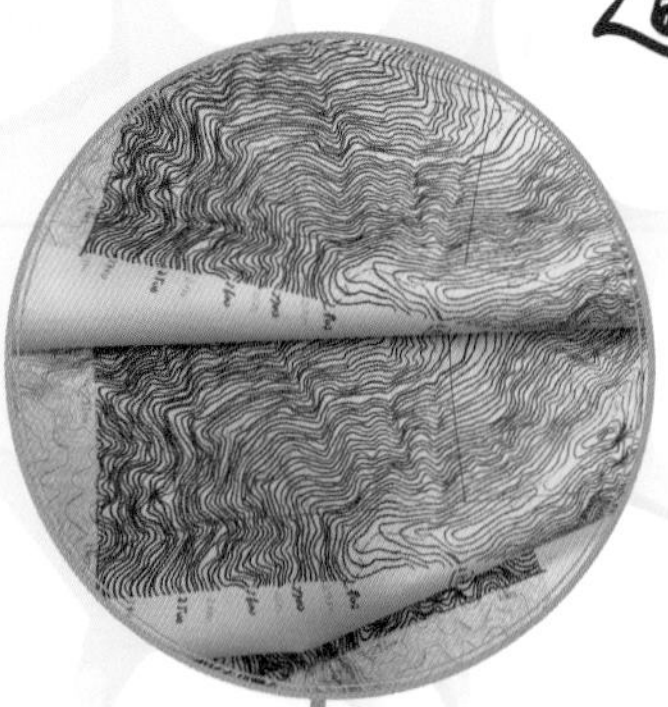

地形図を拡大し、10メートルごとの等高線を拾い出す。間氷期は現在の地形図。氷期の地形は、現在ではモレーンの端が切れているのでその部分がつながるように等高線を修正して使用。

ここは辛抱

等高線沿いにハサミで切り、発泡スチロール板にサインペンで写し取って、専用のカッターで切る。発泡スチロール板も地形図も、できるだけ無駄が出ないように考えながら作業する。氷期・間氷期それぞれ70枚におよぶ。

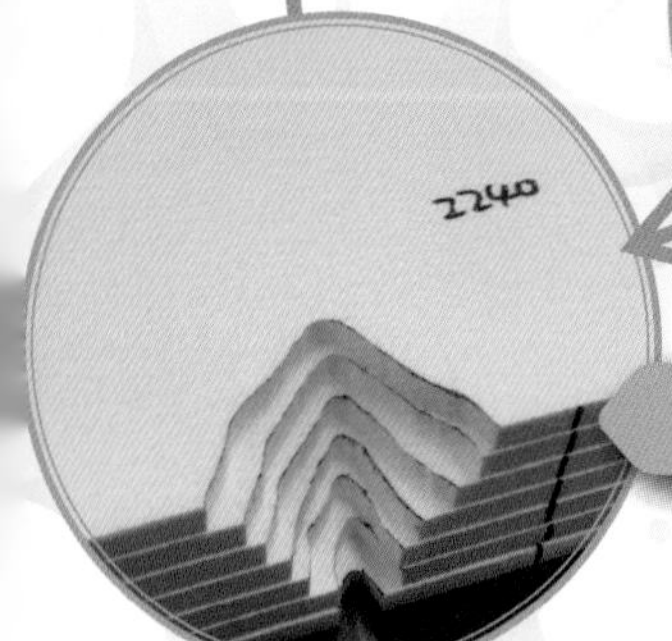

ちょっとうれしい

積み上げたら、だんだんV字谷ができてきた。

なかなかでしょ！

順に重ねて貼り合わせ、白色地塗り剤を塗る。乾燥後、絵具で着色、砕いた花こう岩の破片をスプレー糊で貼り付けた。

大阪市立自然史博物館の特別展「氷河時代」の際、氷期《ひょうき》と間氷期《かんぴょうき》の地形や植生の変化を理解してもらえるよう、中央アルプスの千畳敷カール（圏谷《けんこく》）をモデルに、氷河地形模型を作成した。作成には学芸員と博物館友の会会員のべ58名が参加し、4日間かけた。

国土地理院の２・５万分の１地形図をもとに、水平方向の縮尺を２０００分の１、垂直方向が１０００分の１になるように作成。氷期の植生は推定に基づき、ハイマツの分布の上限を２１００メートルとした。氷河が白く輝く中央アルプスを、旧石器人が見上げていたかもしれない。

同じ作り方をすれば同じものが作れるので、ご自宅のインテリアに氷河地形模型はいかが？

（初宿成彦）

植生図に基づいて、標高の低い方から針葉樹→ダケカンバ→ハイマツと植生が変化していくよう、間氷期の地形に植えていく。

白の針金を束ねてねじり、幹と枝を作る。黄緑色のジオラマスポンジを貼り付けてダケカンバ（写真）。黒の針金を使うとハイマツになる。

ここがポイント

登山客、昆虫やライチョウなどを配置した。昆虫などは海洋堂製のフィギュア、高山蝶は標本写真からカラーコピー、登山者は模型用の人形。

氷期の氷河（カール部分）は、シリコンシーラントをのせて、薄め液で表面を整えた。

完成!

大阪市立自然史博物館の第2展示室に展示中!
（2023年現在）

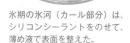

トピックス

ふりかえり！ 地球の気候変動②

中生代～新生代編

恐竜類が世界中に繁栄した中生代は、今から約2億5200万年前から約6600万年前までの地質時代で、三畳紀、ジュラ紀、白亜紀に区分されている。

恐竜の繁栄

中生代は、超温暖な世界を背景に恐竜類が繁栄した。温暖化は激しい火山活動が原因の一つと見られている。写真は大阪市立自然史博物館第２展示室。

超温暖化時代だった中生代

古生代後期の氷河時代が終了した後の中生代の気候は、全般的に温暖で、現在よりも大気中の二酸化炭素濃度が4～10倍高い、超温暖化時代だったことがわかっている。高緯度地域でも、氷河性堆積物がほとんど見つかっておらず、当時の南極・北極域にも永久氷床が存在しなかったようだ。

中生代が始まる前の古生代ペルム紀には、地球上のほぼすべての大陸が赤道を中心に南北方向に延びた一カ所に集まって、超大陸パンゲアを形成し、三畳紀にかけてその状態が継続した。この大陸―海洋の分布も気候の分布を決定する要素となっていた。

しかし約2億年続いた中生代の間、ずっと温暖な気候が続いたわけではなく、特に温暖化が進んだ時期と、やや冷涼な時期とが繰り返し起こっていたこともわかっている。

三畳紀後期からジュラ紀中期にかけては、温暖化が進んだ時代として知られているが、ジュラ紀後期から白亜紀前期には、高緯度域において氷河性堆積物がいくつか報告されており、当時の高緯度域には、短い期間ではあるにせよ氷床が形成されるようなやや寒冷な気候であったと考えられている。

最も温暖化が進んだ時期は、約1億年前の白亜紀中期で、平均気温は現在よりも6～14℃も高く、赤道と極域の温度差は17～26℃程度しかなかったと考えられている（現在は40℃以上）。

この白亜紀中期は、地球上で通常よ

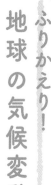

りも激しい火山活動があったことがわかっている。プレート運動が活発で、ジュラ紀から始まった超大陸パンゲアの分裂により海嶺における火山活動が活発になるとともに、日本列島のような沈み込み帯での火山活動も活発だったことが岩石の研究からわかっている。さらに地球深部からのマグマ物質（マントルプルーム）の上昇によって、地球上でも最大規模の超巨大な海底火山（海台）が同じ時期に複数形成されるようなこともあり、これらの火山活動に伴って大量のCO_2が地球内部から供給されたことが、この時代の温暖化の原因と考えられている。

　しかし、白亜紀の終わりに向かっては冷涼な気候に変化していき、現在のアラスカや南極など、当時も極域だった地域では、冷涼な気候の中、恐竜が生息していたことがわかってきている。

新生代の大陸移動と気候変動

　暖かい中生代が終わり、新生代になると、地球は徐々に寒冷化が進んでいく。新生代におけるこの寒冷化は、大陸移動に伴って海流や大気の循環が変わり、気候が変わっていったことが影響していると考えられている。そして現在の寒冷な地球につながっている。その代表的なものを三つ紹介しておく。

◉南極大陸と南アメリカ大陸の分離

　今から2500万〜3000万年前に、それまで陸続きだった南アメリカ大陸と南極大陸が分離した。これは大西洋の拡大に伴って南アメリカ大陸が西に移動したことによる。二つの大陸の間に海峡（ドレーク海峡）ができたことで、チリ沖の太平洋を南下していた寒流が、海峡を越えて大西洋側に流れ込み、南極大陸の周りをまわる南極周極海流が形成される。

　その結果、暖流が南極に近づけなくなり、南極大陸が寒くなっていったと考えられている。そして、徐々に南極大陸が氷河に覆われ、反射される太陽

大陸移動による寒冷化

新生代の寒冷化は大陸移動による影響が考えられている。かつて大森林があった南極大陸は、南アメリカ大陸と分離したことにより、急速に寒冷化していく。写真は、NASAの地球観測衛星テラが撮影した南極大陸の複数の画像をつなぎ合わせたもの。

写真　NASA

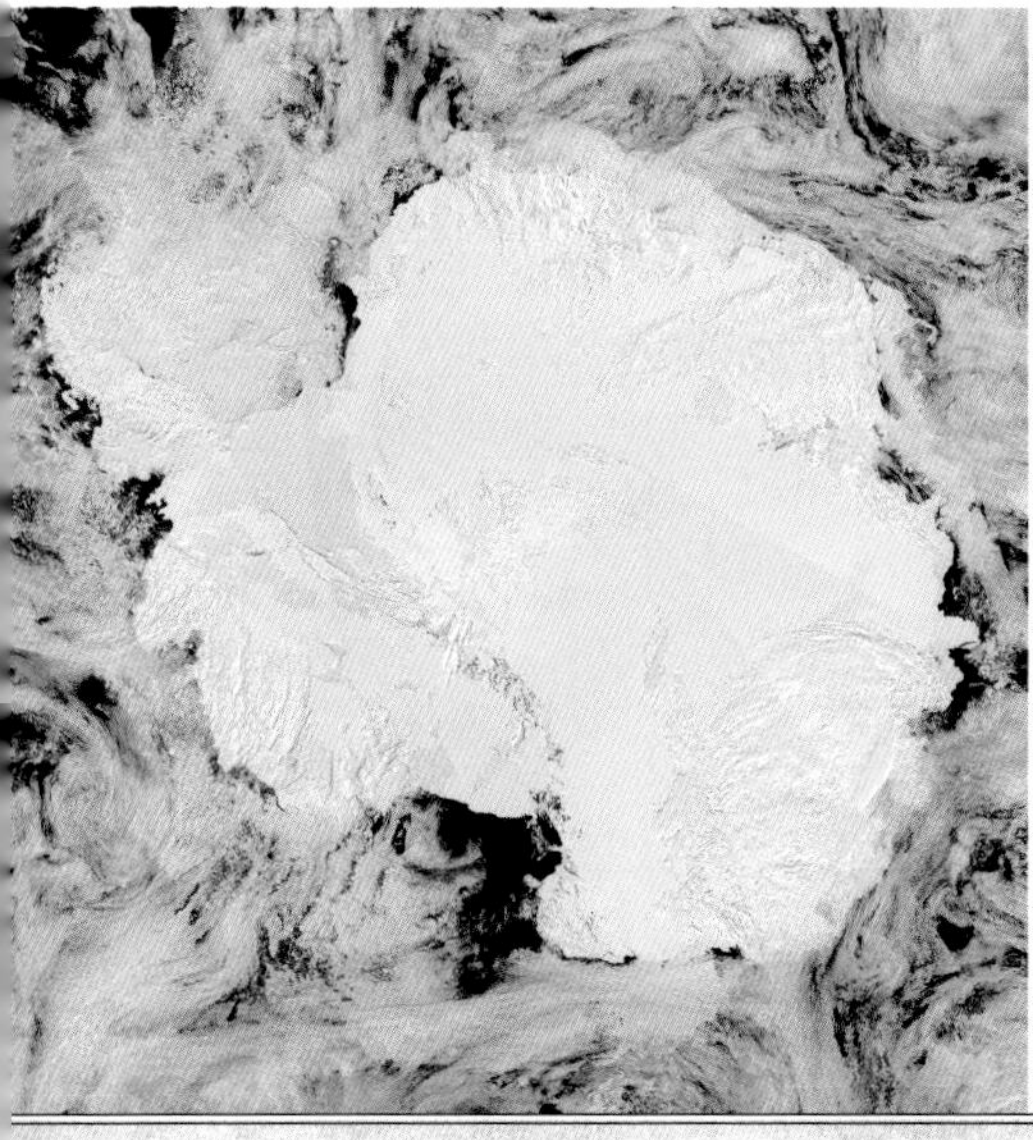

光の割合が増え、寒冷化が進んでいくことになる。

◉ヒマラヤ山脈の上昇

世界の屋根ともいえるヒマラヤ山脈は、インド亜大陸がユーラシア大陸に衝突することによって形成された。

今から約５０００万年前に衝突を開始したインド亜大陸は、その後もユーラシア大陸を押し続け、どんどん山脈が上昇していく。１０００万年前には大気の大循環の障壁になる高度まで上昇するなど、ヒマラヤ山脈の上昇は、北と南の大気の混合を妨げたり、アジアモンスーン（季節風）を強める効果があるとされている。

また、山脈の隆起により、岩石の風化する速度が大きくなって、結果として大気中の二酸化炭素が消費されて寒冷化を促進したとも考えられる。ヒマラヤ山脈だけでなく、ロッキー山脈の上昇も、北米やヨーロッパの氷床の拡大に影響を与えたとされている。

◉パナマ地峡の形成

南北アメリカ大陸を結ぶパナマ地域は、かつては太平洋と大西洋をつなぐ海域だった。それが今から３００〜４００万年前にプレート運動の影響で閉じてしまい、陸橋が形成された。

それまでは大西洋の暖流が、パナマ地域を流れて太平洋に流れ込んでいたが、それがなくなった結果、メキシコ湾流はすべてが北上し、北大西洋沿岸での冬の降雪量を増やすことになった。その結果、北半球で氷床が発達し、気候変動に大きな影響を与えたという考えがある。

このように、基本的には寒冷化していく地球で、恐竜に取って代わった哺乳類が繁栄していったのである。

（川端清司・中条武司）

哺乳類の台頭

新生代に入り、寒冷化していく地球で哺乳類が優勢となっていく。写真は大阪市立自然史博物館のデスモスチルスの復元骨格。

第5章

虫たちの履歴書——現在日本列島の生物相の成立

寒冷な気候を物語る昆虫たち

現生のアカガネオサムシの生息環境。青森県岩木川河口（2009年8月）。

③ アカガネオサムシ（化石）

滋賀県彦根市の最終氷期の地層から見つかった。現在では東北地方以北の湿地にすむ。

① クロヒメヒラタゴミムシ

北海道以北に分布するゴミムシの一種だが、最終氷期の氷期に長野県にいたことが化石でわかっている。

ヒラシマミズクサハムシの生息環境。スゲなどの生えた湿原。サハリン（2005年8月）。

② ヒラシマミズクサハムシ（化石）

滋賀県彦根市の最終氷期の地層から見つかった。現在では北海道以北の湿地にすむ。

約1万年前に最終氷期が終わり、気温が上昇し、現代までの温暖期を迎えた。昆虫の多くは生息に適した気候があるため、南から北へ、平地から山地へと移動した。

現在の北海道以北で知られているクロヒメヒラタゴミムシ（鞘翅《しょうし》目《もく》ゴミムシ科）①やヒラシマミズクサハムシ（鞘翅目ハムシ科）②の化石は本州で見つかっているほか、現在の東北地方以北に分布するアカガネオサムシ③の化石も滋賀県彦根市で見つかっている。これらは寒かった時代がたしかにあったことを示している。

北海道北部の低地には、現在では主に北極圏に広く分布するヨツメハネカクシの一種（*Olophrum rotundicolle*）④などの化石が見つかっていて、当時の分布域が大きく南下していたことが示されている。また、現在では北海道や本州の高山帯で主に見られ

アラスカの森林ツンドラ

産出した甲虫化石から、当時の北海道北部は、針葉樹の疎林と林床に地衣類の生える「森林ツンドラ」の状態だったと考えられた。写真はアラスカにて。

④ **ヨツメハネカクシの一種**

アラスカ産。高緯度地方に広く分布するが、最終氷期には北海道にもいた。

⑤ **キソヤマゾウムシ**

木曽山脈（中央アルプス）の高山帯での採集標本。

るキソヤマゾウムシ⑤が見つかっており、寒冷な気候であったことを物語っている。

現在も高山帯に残る氷期の昆虫

他方、寒かった時代の昆虫が高山で残存している例もある。北海道の大雪山にはウスバキチョウ（鱗翅《りんし》目《もく》アゲハチョウ科）⑥がすんでいるが、同種は外国でアラスカ、カナダ、シベリアなど北極圏の寒冷地にすむ。氷期にツンドラ帯が北海道の平地にまでつながった時に北極圏から南下し、現在では大雪山の高山帯に残存しているのである。

高山にすむ蛾も知られていて、サザナミナミシャク⑦は幼虫がキバナシャクナゲ、ガンコウランなどを食べる高山蛾で、ヨーロッパにかけて分布が広く知られている。ハイマツ

⑥ ウスバキチョウ

日本では北海道・大雪山のみに分布が知られる。写真はカナダ・ユーコン準州産。

2000ｍ級の山々が連なる大雪山。

⑧ ハイマツマキムシモドキ

カムチャッカ半島近くで知られていたが、近年になって日本アルプス、八甲田山のハイマツで見つかっている。初宿ら（2012）

⑦ サザナミナミシャク

木曽山脈（中央アルプス）の山小屋の灯りに飛来したもの。

虫の分布って、
氷期と
関係していることも
あるのか！

マキムシモドキ⑧はカムチャッカ半島に近い場所で最初に見つかったが、その後、南アルプスや利尻島で発見されている。

世界中で日本アルプス標高２５０メートルのハイマツにしかいないダイモンテントウ（鞘翅目テントウムシ科）⑨は、近縁な種類は北海道の高山帯にもおらず、サハリンや千島列島ウルップ島のものが最も近いと考えられる。ちょうど海水準が下がって、島同士がつながったり、つながらなかったりするように、高山帯も氷期に連続しない場合があったようで、ダイモンテントウは日本アルプスで独自の進化を遂げていったと考えられる。

温暖地にも見られる氷期の生き残り

東日本の寒冷地にすむ昆虫が温暖

ミヤマハンミョウ
分布略図

東日本の山地に広く分布するが、西日本は徳島県の剣山だけである。

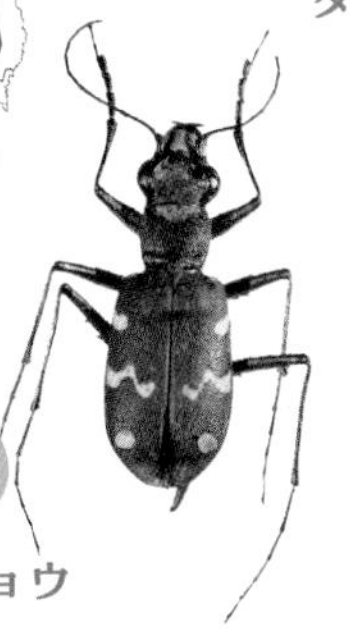

⑩ ミヤマハンミョウ

東日本の針葉樹林帯にすむが、西日本で唯一、徳島県の剣山で分布が知られる。氷期には西日本にも針葉樹林帯が広がっていたのだろう。

⑨ ダイモンテントウ

高山性甲虫の一つ。
鳳凰山（南アルプス）。

ダイモンテントウは、本州中部地方のハイマツが自生している高山帯に生息している。

⑪ ルリハムシ（本州と四国）

ブナ帯でハンノキ類の葉を食べる。氷期には低地にも分布したと考えられるが、本州と四国・九州との遺伝的交流は乏しかった（あるいはなかった）とみえて、模様が著しく異なっている。

地の高山に残っている例としては、ミヤマハンミョウ⑩は徳島県の剣山に、メススジゲンゴロウにきわめて近縁なヤシャゲンゴロウは福井県の山中の池に、それぞれきわめて局地的な分布が知られている。

アカアシクワガタ⑫は大阪では金剛山や能勢妙見山のブナ林にすむが、本州の平地は氷期にはブナなどの落葉広葉樹に覆われたので、おそらく氷期には山を降りて分布していたことであろう。ルリハムシ⑪は標高1000メートル前後のブナ帯にすみ、ハンノキの葉を食べているが、本州と四国・九州の間の遺伝子交流は不十分であったようで、模様が著しく異なっている。

これらの例を挙げなくとも、本州の温暖地でも氷期の生き残りはたくさん見ることができる。エゾゼミ⑬は北海道で平地にも見られることからその名が付くが、本州から四国で

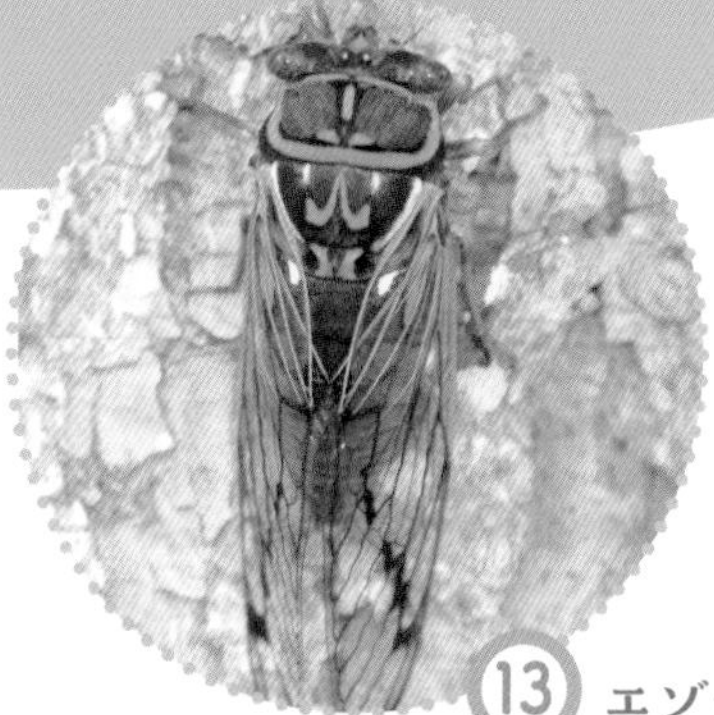

⑬ エゾゼミ

北海道など北日本では平地にもいるセミ。氷期には関東や関西の平野や低地にもいたと考えられるが、温暖な現在は山地に分布が限定されている。さらに温暖化が進むと、分布地はさらに狭められ、絶滅する箇所が出てくると考えられる。

⑫ アカアシクワガタ

本州の暖地ではブナ帯に限ってすむが、氷期には平地に広く分布していたと考えられるため、氷期の生き残りといってよい。

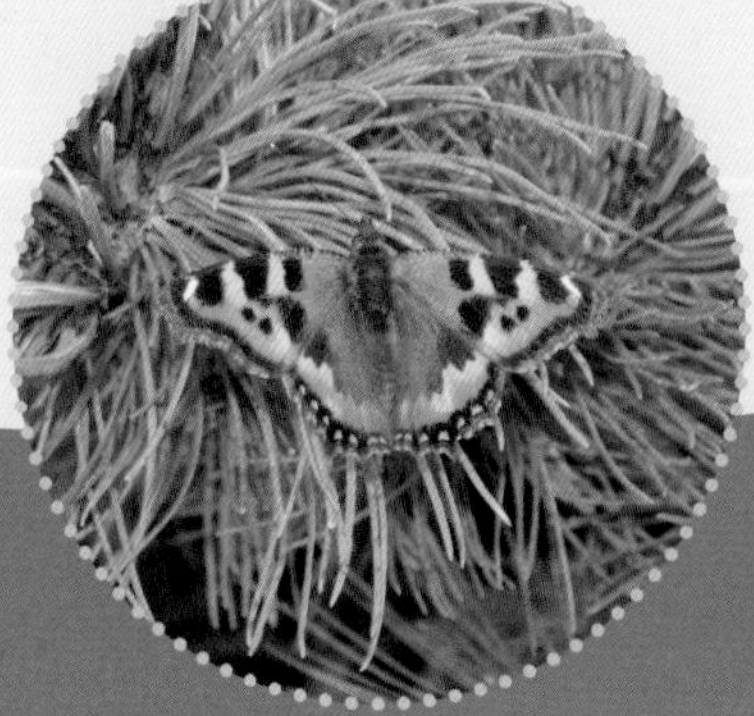

⑭ コヒオドシ

東日本の亜高山帯に分布する美しいチョウ。氷期には西日本にも広く分布していたかもしれない。

も標高約800メートル以上の山地で見られる。氷期には現代の東京や大阪の街がある場所でも、これらが鳴き声を響かせていた可能性がある。

　山地には広くトウヒやコメツガなどの生える亜高山帯針葉樹林が広がっていたと考えられているので、それらにつくトドマツカミキリ（現在は東日本に広く分布）のような昆虫がおそらく、西へ分布を広げていたであろう。また、オオイチモンジ・コヒオドシ⑭・キベリタテハなど（同じく東日本のチョウ）が、針葉樹林の中をヒラヒラと舞う姿があったものと考えられる。

（初宿成彦）

温暖化により変わる昆虫相

前項で最終氷期以降の昆虫分布の変化を概観した。今後、温暖化がさらに進むと昆虫の分布はどのように変わっていくだろうか。温暖化が進むと、南のものが北へ、低いところのものが高いところへ、やってくることになる。

温暖化による北への分布拡大の例として、ナガサキアゲハ、イシガケチョウが知られている。これらはかつて、南国の蝶というイメージだったが、現在では関西でも普通に見られるようになっている。また高知県に元々多かったヒラズゲンセイ❶は、１９７６年に和歌山県内で本州初記録となった後、北上前線は１９９０年代中頃に大阪市付近を通過し、２０２０年に三重県鈴鹿市、２０２２年には京都府宮津市へ達している。

大阪市立長居植物園の大池でもたくさん見られるタイワンウチワヤンマ❷は、１９８０年代以前は大阪にはまったくいないトンボだった。

かつては南西諸島で見られたヨツモンカメノコハムシ❸は２００６年に九州本土（鹿児島県）で見つかって以来、関西や関東でも見つかるようになっている、アオヒメハナムグリ❹もオキナワコアオハナムグリという名前が示す通り、南西諸島の昆虫だったが、大阪市舞洲《まいしま》（大阪市此花区）で２００７年に発見されて以来、現在では大阪南港（大阪市住之江区）などにたくさん見られる。

下方のものが上がってきて、環境の変化を起こす例としては、温暖化

ヒラズゲンセイ
近畿での拡大マップ

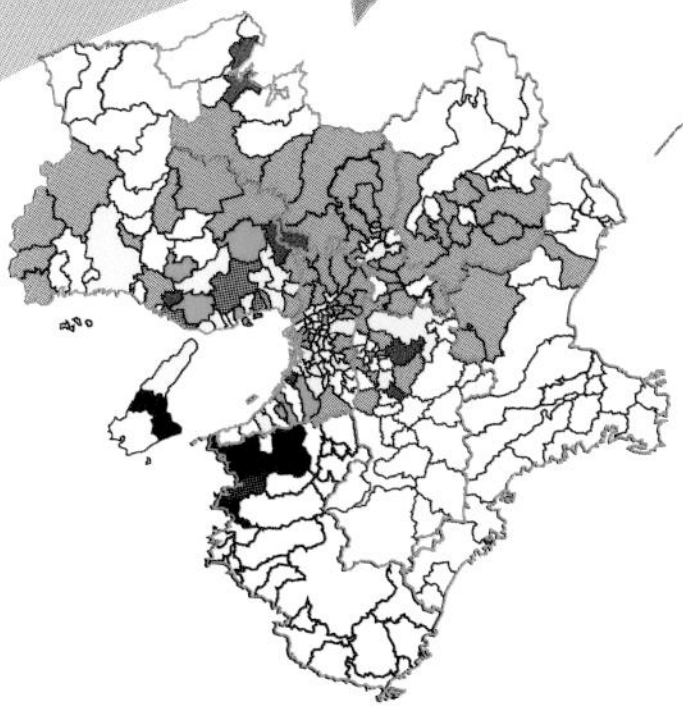

近畿２府５県の各市区町村における
ヒラズゲンセイの初発見年

■ ～1980年以前
■ 1981～1990年
■ 1991～2000年
□ 2001～2010年
■ 2011～2020年
■ 2021～2022年

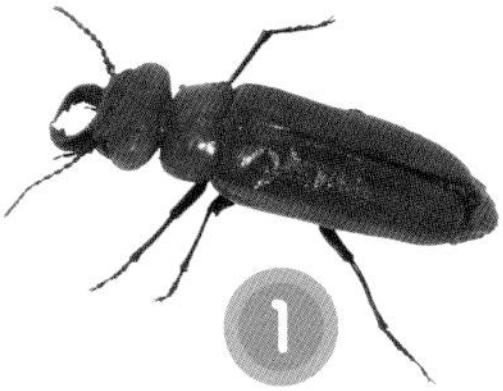

❶ ヒラズゲンセイ

大阪市阿倍野区で見つかり、市民から持ち込まれたもの。2010年6月。かつては高知県などで知られていて、本州にはいなかった昆虫。

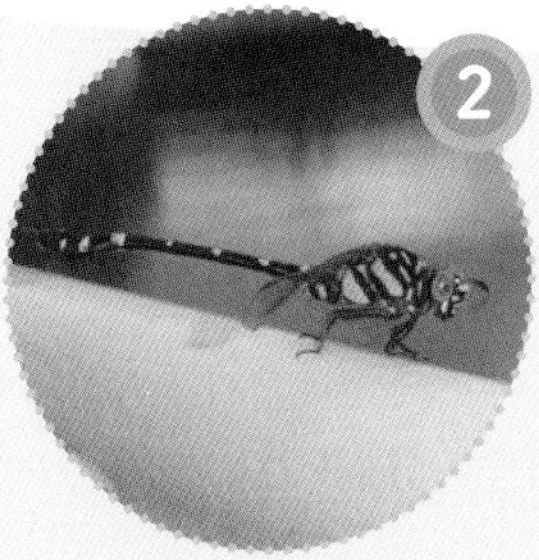

❷ タイワンウチワヤンマ

１９８０年以前には大阪にはまったくいなかったトンボ。長居公園（大阪市東住吉区）の池では、今ではウチワヤンマより多い印象がある。

4 アオヒメハナムグリ

別名はオキナワコアオハナムグリ。2007年に大阪市舞洲で発見されて以来、現在では大阪南港などにたくさん見られる。

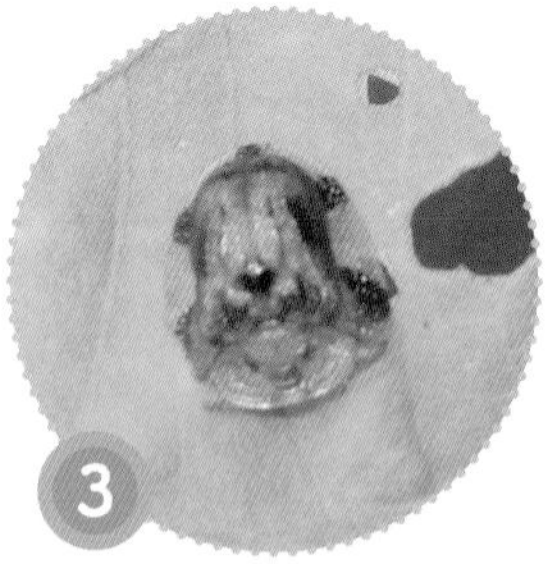

2010年8月、鹿児島県種子島にて。この頃関西にはまだ分布していなかった。

3 ヨツモンカメノコハムシ

5 コエゾゼミ

冷涼な気候を好む。近畿地方などでは生息環境が厳しくなることが予想される。北海道帯広市で。

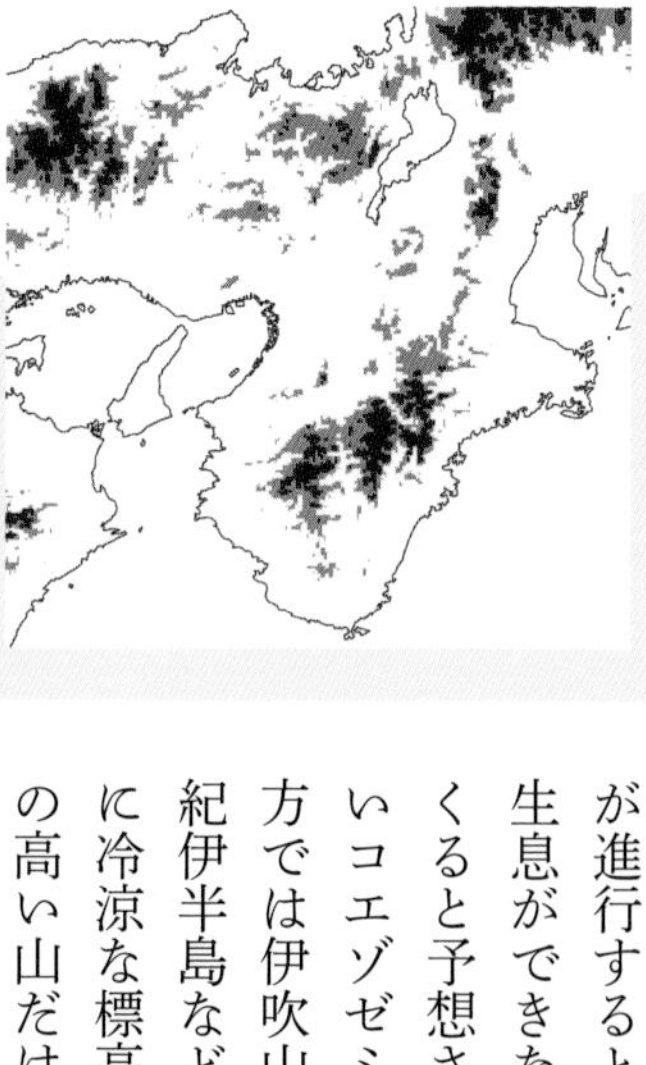

エゾゼミの温暖化前後の分布予想

気温データに基づいて作図した。赤は現在の推定分布図。黒は2℃上昇した時の予想分布図。

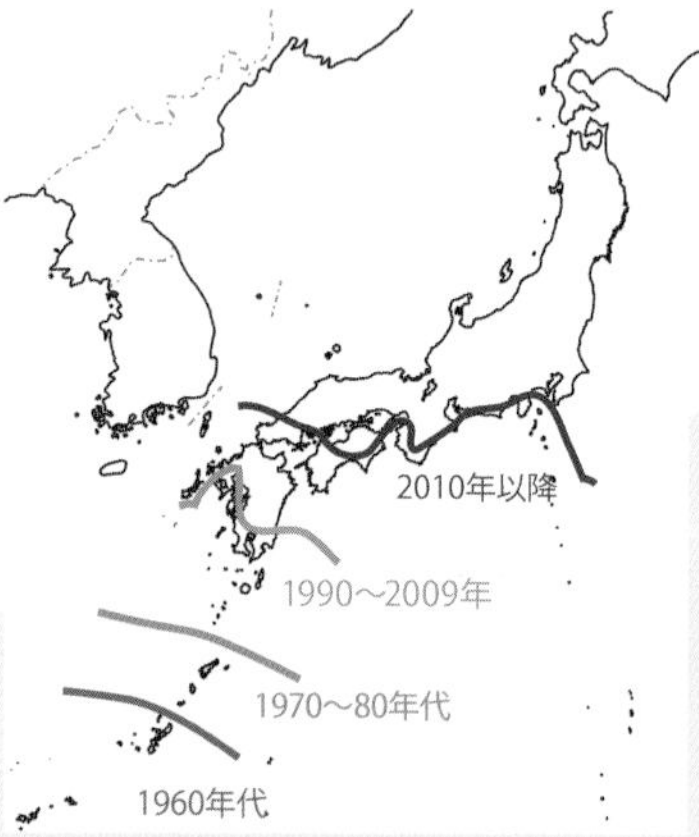

ヨツモンカメノコハムシ分布拡大図

2020年10月までの関西における分布。重藤ら（2020）に基づき作図。

によって海水準が上がり、国土の喪失が懸念される太平洋のツバル諸島がわかりやすい一例といえる。生物の世界でも、高い山の涼しい気候を好むものにとって、温暖化が進めば、さらに高いところへの移動を余儀なくされる。標高が足りないと、そこで絶滅することになる。

エゾゼミ（94ページ⑬）は温暖化が進行すると、気温が上がりすぎて生息ができない場所がたくさん出てくると予想される。また、これに近いコエゾゼミ⑤というセミは近畿地方では伊吹山地、比良山地、氷ノ山《ひょうせん》、紀伊半島など、エゾゼミよりもさらに冷涼な標高1100メートル以上の高い山だけに分布が知られているが、さらに厳しい状況が待ち受けていると考えられる。

（初宿成彦）

第6章 生き物たちのレフュージア

これからの気候変動と日本の自然

最終氷期《ひょうき》が終わった後、現在の間氷期には人類が繁栄し、自然界に大きな影響を与えてきた。特に18世紀以降、人類は化石燃料を燃やしてエネルギーを得るようになった。

化石燃料とは、主に石油や石炭、天然ガスのことで、地層に取り込まれた植物や動物の遺体が数億年という長い時間を経て変化したものだ。化石燃料を燃やすと、二酸化炭素などの温室効果ガスが出る。つまり、数億年前に生物の体となった炭素が、現代に放出されることになる。

微々たるもの、と思うかもしれないが２０１９年の大気中の二酸化炭素濃度は４１０ｐｐｍ、工業化前の水準から47％上昇しているという（ＩＰＣＣ[※1]〔気候変動に関する政府間パネル〕第６次報告書）。２０１１年から２０２０年の世界の平均気温は工業化前と比べて１・０９℃上昇している。人類が化石燃料を燃やしたことで発生した温室効果ガスが地球温暖化を引き起こし、生態系の将来を左右する環境問題となっている。

もう少し長期の視点で見ると、１万年以上続いた間氷期《かんぴょうき》は、そろそろ次の氷期に向かってもおかしくない時期に当たる。しかし、人間活動による地球環境の改変が、気候変動に大きな影響を及ぼす可能性がある。このあたりを考えるためには変化の時間スケールをしっかり注意する必要がある。

太古の大森林

石炭紀の大森林をつくったシダ植物の化石。ヨーロッパやアメリカの石炭は、主にこれらの植物からできている。人類は、石炭や石油、天然ガスなどの化石燃料を利用することで、その文明を大きく発展させたが、同時に放出されたCO_2（二酸化炭素）などによる地球温暖化と向き合う必要に迫られている。

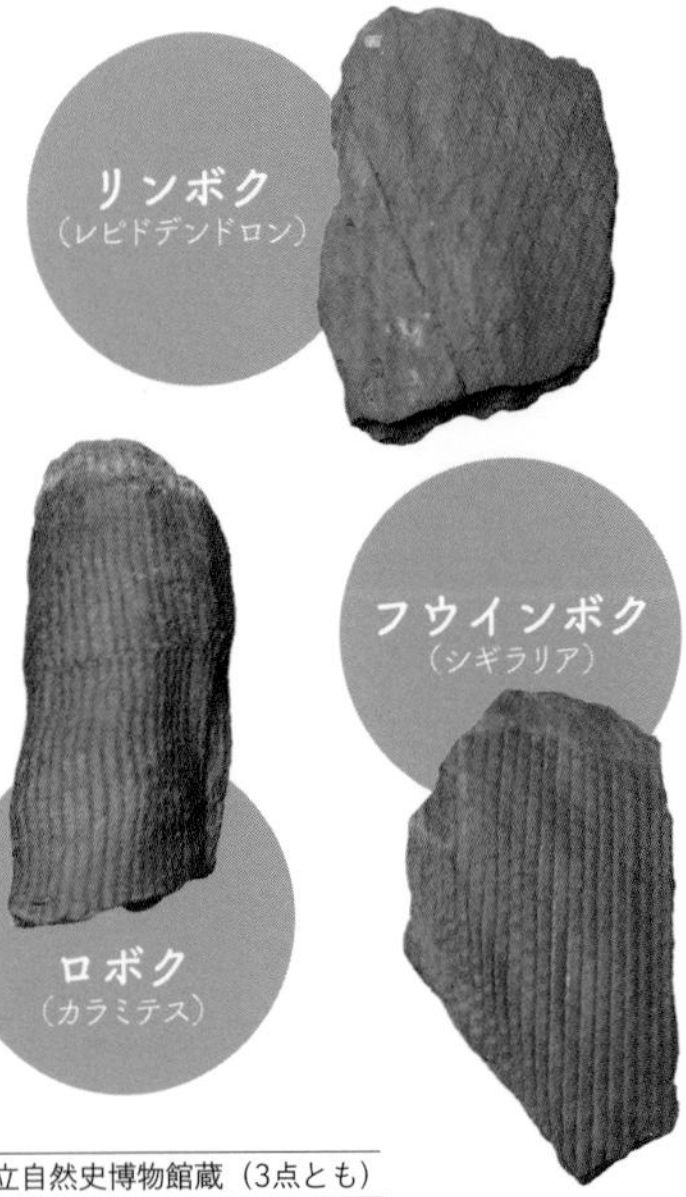

大阪市立自然史博物館蔵（3点とも）

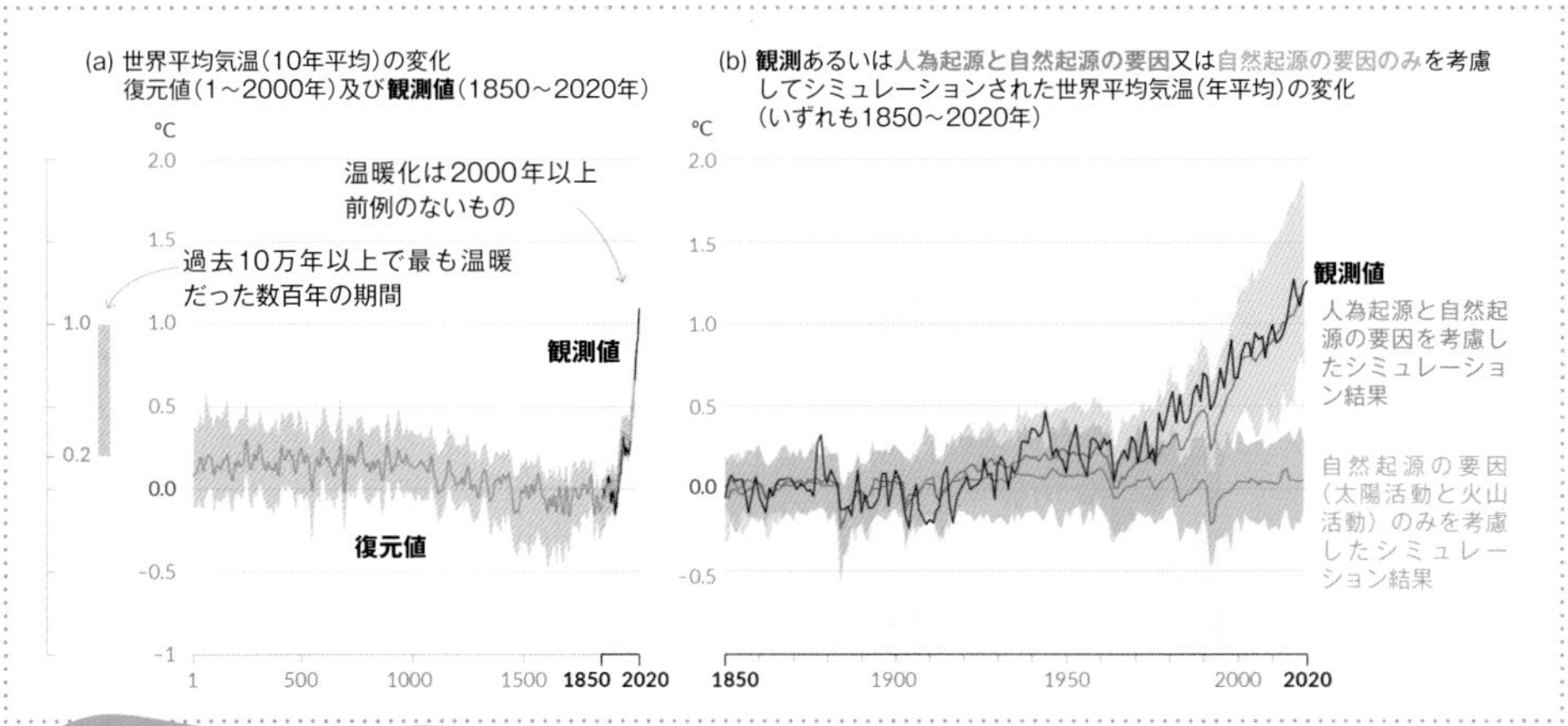

世界平均気温の変化

1850〜1900年を基準とした10年平均気温。過去2000年間に前例のない速度で気候が温暖化し〔左(a)のグラフ〕、それが自然起源（太陽活動と火山活動）ではなく、人間が引き起こしたものであるとする〔右(b)のグラフ〕。

「IPCC第6次評価報告書第1作業部会報告書 政策決定者向け要約」暫定訳（文部科学省及び気象庁）より、図SPM.1を転載

気温上昇への厳しい見通し

近年の地球温暖化で、どの程度気温が上昇するのか。IPCCが2014年に発表した第5次評価報告書では、産業の変化や規制の進展などいくつかの仮定を設定した四つのシナリオで予測をしていた。現在の世界の温室効果ガスの排出量の実情は、産業革命前に比べて21世紀末までに地球の平均気温が4℃高くなる、最も高くなるシナリオ（RCP8・5シナリオ）に一致しているという。2021年に公表された第6次評価報告書ではさらに厳しい見通しを示しており、このままでは3・3℃から5・7℃の平均気温上昇を予測している（SSP5-8・5）。そして、実質二酸化炭素排出ゼロが実現する最善シナリオ（SSP1-1・9）でも2040年までに1・5℃上昇する可能性が高いとする。

たった1・5℃や5℃程度と思うかもしれないが、これは地球の平均気温の話だ。もっと高くなる場所も、そうでない場所もあり、例えば第6次報告書では、これまでの気温変化でも陸域では海面付近よりも1・4〜1・7倍の速度で気温が上昇すること、北極圏では世界平均の約2倍

用語解説

IPCC〔気候変動に関する政府間パネル〕

※1 >>> P98

「Intergovernmental Panel on Climate Change」の略。1988年に、世界気象機関（WMO）及び国連環境計画（UNEP）によって設立された政府間組織。気候変動に関する最新の科学的知見の評価を報告書として提供し、各国の気候変動に関する政策に対して、科学的な基礎を与えている。

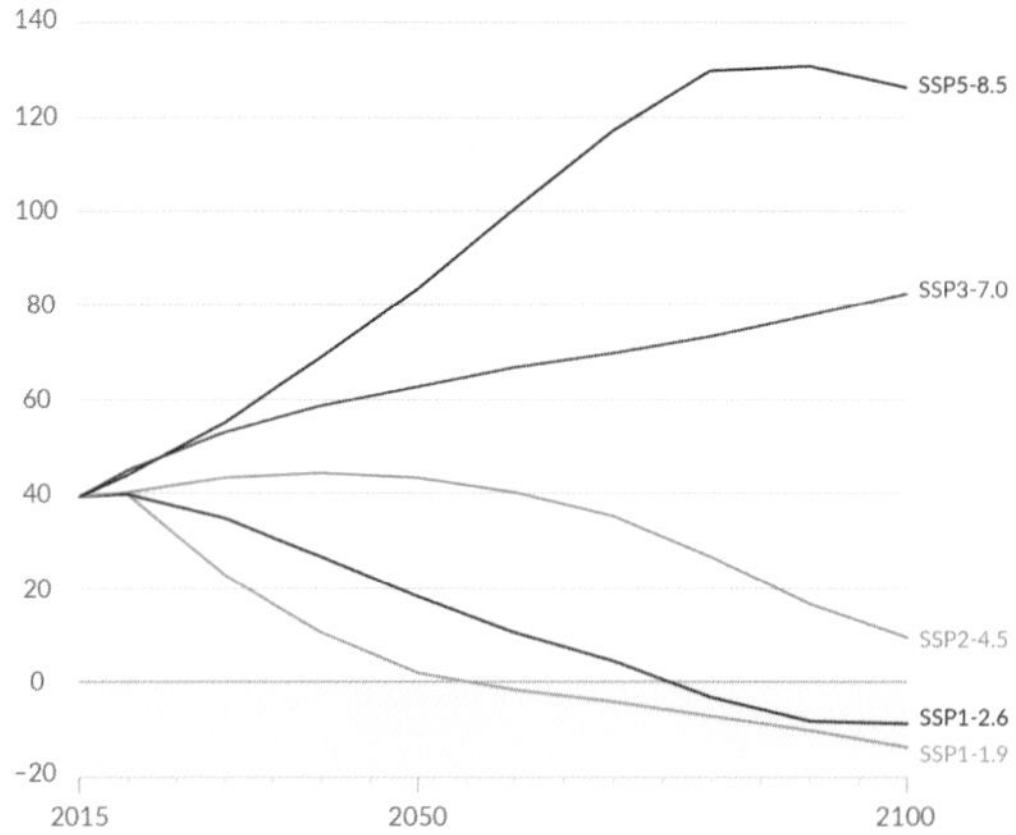

IPCC第6次評価報告書で示された五つのシナリオ

温暖化の行方は、温室効果ガスの排出量をどれだけ抑えられるかにかかっている。グラフは、それぞれCO_2の排出量を「非常に少ない・少ない・中程度・多い・非常に多い」の5段階で例示したもの。「非常に多い」（SSP5-8.5）は、今世紀中に平均気温が3.3～5.7℃上昇する最悪のシナリオである。

「IPCC 第6次評価報告書」より IPCC AR6 WGI Figure SPM.4 を転載

の速度で上昇したことが指摘されている。

　具体的な場所、例えば大阪の気温がどうなるかを予測するには複雑な計算が必要になる。

温暖化すると日本列島はどうなるか

　温暖化によって日本列島の森がどう変化するのかを予測するのは難しい。暖かくなればすべての植物が育ちやすいというわけではなく、暖かい場所でより競争力の高い暖温帯の植物が有利になる。

　降水量が適量なら、温暖化によって暖温帯の森の植物は分布範囲を広げやすくなり、近畿地方では山の上や谷奥の湿地などにかろうじて生き残っていた冷温帯の生物はより厳しい状況に追いやられることが予想される。

　しかし、気温だけではなく、台風などの増加、極端な高温の頻度が上昇すること、大雨の増加と乾燥地帯では逆に降水量が減少することなどもすでに指摘されている。極端な高温と乾燥があわされれば生育できない植物も出てくるかもしれない。

　冬の最低気温が上昇すれば、霜の害が減り暖温帯の植物がより北まで進出できるが、一方で積雪量の減少は動物の行動を変化させ、局所的には食害が増える場合もあるだろう。

　単に気温だけではない相互作用の変化もある。気温の変化に昆虫の成長が追いつかなければ、花の時期と花を訪れるハチのタイミングが合わない場合もあるだろう。

　台風の増加は、地滑りなどもあわせて、森で木が倒れて若木へと世代交代する「攪乱《かくらん》」や「更新」など長期的に森林を維持するメカニズムにも大きく影響する。気温の変化は、

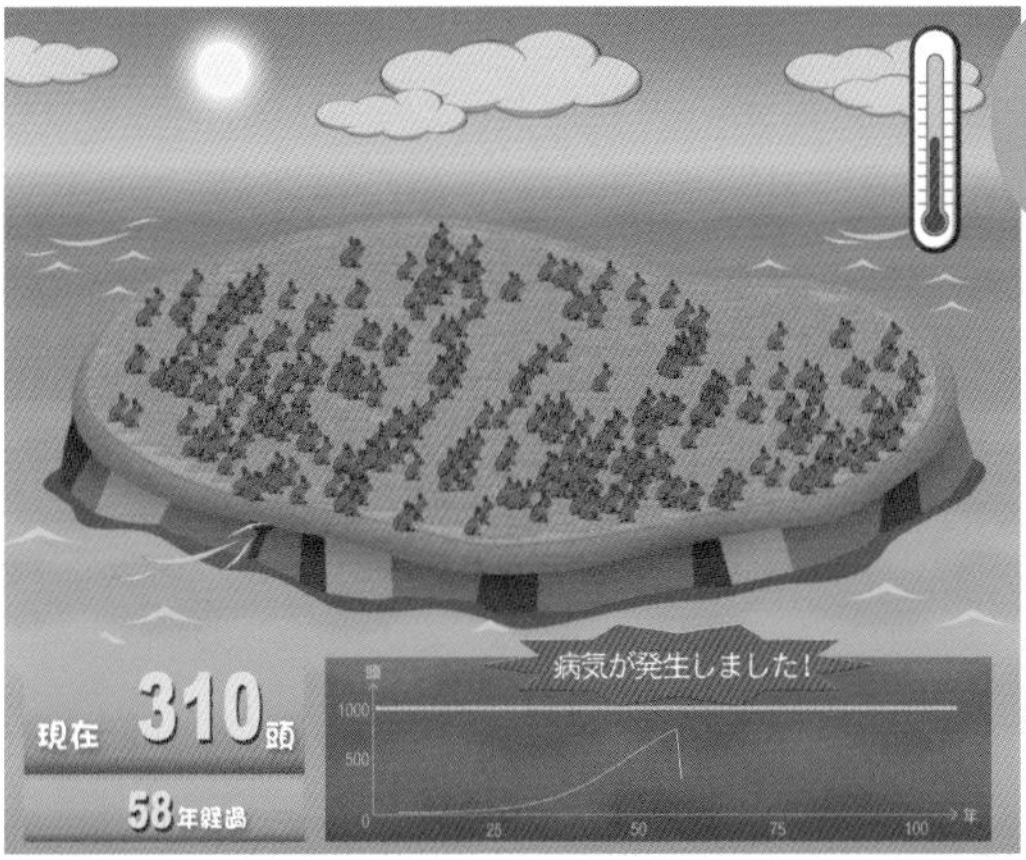

生態系の変動は単純には予測できない

気候が変われば訪花昆虫と開花のタイミングなどがずれるなど様々なことが起きる。図に示したのは「環境収容力」を示した大阪市立自然史博物館の展示。気温や降水量、風は光合成など植物の生育にも影響するが、それを食べるウサギにも影響し、さらにウサギの密度は病気にも影響する。生態系は一定ではなく変動を含めて考えると単純な予測は難しい。

光合成などの植物の生理的な活動だけでなく、病虫害などを含め連立方程式のように複雑に自然の営みを変化させる。

気候変動の「今まで」と「これから」

約１万年前に最終氷期が終わって、現在は間氷期にあたる。５５００年前の最も暖かな時期を経た後、地球は過去の間氷期から氷期への移り変わりと同様に、寒暖の変化を繰り返しながら徐々に氷期に向かっているはずだった。

人類の活動が無視できるくらい小さかった時代でも、間氷期になると大気中に二酸化炭素などの温室効果ガスが増え、氷期になると減少していたことが、氷床コアに含まれる気泡の研究で明らかにされている。

日射量の変化がきっかけで氷期から間氷期に変化すると、海洋に溶け込んでいた二酸化炭素が急激に大気に供給されて温暖化が進む。その後、氷期に向けて寒冷化する過程で、大気中の二酸化炭素は海洋に取り込まれて減少したことがわかっている。

しかし、ここ３００年間の化石燃料の燃焼による大気中の二酸化炭素濃度の増加は、氷期から間氷期に数千年かけて変化する時の二酸化炭素濃度の増加とほぼ同じ量になる。

この先、氷期に向かう過程で海洋に二酸化炭素が取り込まれていくにしても、以前の氷期のような二酸化炭素濃度になるには、長い時間がかかると考えられるだろう。

数万年後に来るはずの次の氷期が来ず、さらに一つ先の氷期まで温暖な時代が続くのではないかと考える研究者もいる。氷期、間氷期が繰り返す予測可能な時代が終わってしまったのではないかと考える研究者もいる。

予測に欠かせない過去の間氷期から氷期への研究

この先の気候変動を予測するためには、人類活動による温室効果ガス濃度が今後どれくらいまで増えるかの見積もりと、ミランコビッチ・サイクルから予測される将来の日射量の変化と、過去の間氷期から氷期への変化の様子をより詳しく研究する必要があるだろう。日射量の変化によると、現在の間氷期は約40万年前の間氷期（44、45ページの植物化石の時代、53ページのMa９層の時代）に似ているのではないかと考えられている。

いずれにせよ、人類の活動による温室効果ガスが、将来の気候変動の予測を難しいものにしているのは間違いない。また、氷期・間氷期の気候変動より短周期の気候変動があることも、忘れてはならない。今議論されている急激な温暖化は本書で書いてきたような数千年から数万年という過程ではなく、２０４０年までにあるいは21世紀末といった１００年以内の、地学的視野からは超短期の変化の話なのだ。ＩＰＣＣも「21世紀中及びその後において予測される気候変動下で（中略）陸域及び淡水域両方の種の大部分が、増大する絶滅リスクに直面する」ことを強く警告している。

都市近郊の冷温帯の生物

第４章や第５章でふれたように、都市近郊でも山地や湿地などにも氷河時代の生き残りである冷温帯の生物が生息している。しかし、温暖化の進行で、これらの生息環境がより厳しくなることが予想される。写真は、京都市内の深泥池に残されたミズゴケ湿原（→ P82参照）と、近畿の山地で見られるエゾゼミ（→ P94、P96参照）。

エゾゼミ

深泥池《みぞろがいけ》の遺存種

影響緩和策が重要に

温暖化の影響は野生生物の生存だけでなく、私たちの日常生活、食料生産、漁獲などあらゆる面におよぶといわれる。温暖化の根本原因である二酸化炭素やメタンといった温室効果ガスの「排出量削減」はもちろん重要ではあるのだが、ある程度の上昇はもはや起きており、今後も避けられないとの考え方から「影響緩和策」が重視されている。

高温耐性のある作物の開発なども重要だが、安全な水の供給や水産資源、防災などの基盤に森林や河川などの生態系があることを考えると、生態系への「影響緩和策」は温暖化対策においても重要な課題になっている。

気候変動に生物間の相互作用など複雑な要素が絡み合うのは、過去の氷期前後の変動でも、ペースの違いこそあれ起きていたことだ。違いは、そこに様々な人間活動の間接的な影響も同時に影を落としていることだ。

最終氷期最盛期が終わり、縄文晩期にかけて温暖化した時には、海面が上昇してそれまでヨシ原や干潟だったところが海に沈んでも、新たな河口にヨシ原や干潟が広がり、生き物が絶えることはあまり多くはなかったのではないだろうか。

しかし現代ではどうだろう。海水準が上昇し、干潟が沈む時、その背後に何があるだろう。都市だ。防潮堤を高くしてヨシ原が消えるだけで、その背後の都市がヨシ原に変わることは、少なくとも短期的には考えにくい。

温暖化によって生き物が北へ、あるいは標高の高いところにゆっくりシフトするとはいっても、現在、そのような連続性を保った自然はほとんどない。間には都市が、農地が、植林が広がっている。暖かくなった時に寒冷地の生き物が逃げ込む谷間や湿地も開発され、良好な場所は少なくなっている。

ゆっくりと動くにも「運び手」となる動物相も劣化している。例えば東南アジアにはオランウータンのような大型の猿が食べ、種を運ぶよう進化した植物や、ゾウが食べて散布する植物もいる。こうした植物は温

河口に広がる干潟

河口にはヨシ原や干潟が広がるが、日本の河口にはたいてい都市がある。海面が上昇しても、かつてのようにヨシ原は堤防に阻まれて後退できず、このいのち豊かな天然の浄化槽もそのまま消えることになる。

暖な地域が広がったといってもオランウータンやゾウが絶滅危惧の状態では拡大することはできない。

温暖化による生態系への「影響緩和策」には自然と共存したまちづくりや、自然保護の課題も大きく関係してしまうのだ。

大台ケ原（紀伊半島）のトウヒ

写真　大阪市立自然史博物館

紀伊半島のブナ林

温暖化を見据えて、「レフュージア」の保全を

これまで見てきたように、気候変動時には、様々なところで生き残る生物たちが、その後の時代に重要な役割を持つ。

生き残りのための場所

寒い時代には、暖地性のカシやシイなどが南紀、房総半島などで生き残った。さらに昔のイチョウ、メタセコイアなどの植物は、中国大陸の暖かく雨の多い地域で生き延びた。暖かい時代になった現代では、寒温帯のブナやチョウセンゴヨウ、トウヒなどが標高の高い山地に残っている。将来の生物相の回復のためにも、生き残るための場所があることが重要になってくる。

遠い北の地方や山の上だけで生き残るのでは、たとえ温暖化を様々な対策で押さえ込んだ後でも、あるいはミランコビッチ・サイクルなどによって次の氷期が訪れたとしても、生物相の回復には長い時間がかかってしまう。地域の生物相が素早く回復し、豊かであるためには植生帯のように幅広く残らなくても、局所的に、あるいは単木的に生き残るような生物の逃げ込み場所＝「レフュージア」が数多く必要だ。

逃げ込み場所は立派な自然保護区一つあればいい、というものではない。温暖化により大規模災害が増加することを忘れてはいけない。少ない保護区が突発的な災害を受けると致命的なダメージになる。温暖化での生物の生き残りをかくれんぼに例えてみよう。身を隠し生き残るためには、飛び石上にたくさんの隠れ場所があることが重要になる。

温帯の生物が生息する湿地や高山などはより慎重に管理することが求められるだろう。危機にある生態系では、外来種の侵入や生息地の改変・乱獲などによって、崩壊・絶滅の危険はより高くなるからだ。

新旧のメンバーが
混ざり合っているのが、
豊かな自然！
旧メンバー代表
（中生代生まれ）
恐竜というのは
それはそれは
恐ろしいものでの
ホントに
見たの・・・？
日本に自生の
イチョウが生き残って
いるかどうかは
議論があるという

海面上昇を考えると、サンゴ礁や干潟、海岸などの沿岸生態系も大きな影響を受けると考えられる。これらの生き物が各地のサンゴ礁や干潟で生き残る可能性をあげることが、全体の生き残りの可能性に貢献する。

　北方系の生き物だけではない。これから拡大していく暖帯系の生き物や生態系を考えても、分散する生き物の供給源が豊かであることが決定的に重要になる。地上でも広がっていく暖温帯林を重視するなら、現在各地に残っている温暖な地域の生物の分散源となる環境をしっかりと保全し、温暖化後の生態系が豊かなものとなるよう維持することが重要になる。

自然は新旧のメンバーが織りなす世界

私たちが目にする自然は、繰り返される氷期と間氷期の変動の中で、分断され、生き残り、拡大してきた生き物たちの新旧メンバーが一体となって織りなす世界だ。この変動が厳しければ、後の時代の生態系はひどく単純なことになる場合もある。

　例えば、ヨーロッパの植物は日本に比べてひどく種数が少ない。これは、繰り返し氷河が覆い、多くの場所で根こそぎ絶滅したことが影響している。1万年以上の時間が経ってもその影響が現代に及ぶ。

　ごく当たり前に目にする身の回りの自然が長い歴史と幸運によって育まれたものであることに心を留め、将来の世代の自然が豊かなものであることを願い、今の時代にできる最善を尽くしたいところだ。地球の歴史と、自然保護と温暖化は意外に深くつながっているのである。

（佐久間大輔）

トピックス

氷河時代展ポスターのヒミツ

大阪市立自然史博物館・２０１６年度特別展「氷河時代」のポスター。
イラスト：橋高加奈子・レイアウト：米澤里美

本書のもとになったのは、大阪市立自然史博物館の２０１６年度特別展「氷河時代」である。そのポスターについて、ちょっと紹介させてほしい。

ポスターの主役は、一頭のゾウである。これはナウマンゾウという種類で、43万年前の氷期に海面が下がり、陸続きになったタイミングで、中国大陸から日本列島にやってきた。そして約2万年前に絶滅するまで日本列島に生息していたことから、日本の氷河時代を代表するゾウであるといえる。

ナウマンゾウの背景を見てほしい。左側には氷河が発達した高山と、針葉樹と落葉樹の混交林が、右側には氷河のない山と、照葉樹と落葉広葉樹の混交林がそれぞれ描かれている。左側が寒冷な氷期、右側は温暖な間氷期である。43万年前から2万年前の間には、4回の氷期と4回の間氷期があった。すなわち、ナウマンゾウは氷期も間氷期も乗り越えて、40万年もの長い間、日本列島の森を闊歩《かっぽ》していたということが表現されている。

このように、博物館で開催される特別展ポスターには展示のテーマやメッセージが隠されていることもあるので、じっくり見てほしい。思わぬ発見があるかもしれない。

（石井陽子）

気候変動、気になったらその次に

この本をここまで読んでいただいてありがとうございます。ここまで読んでいただけたら、なにやら長い時間の間には気候の変動があり、自然は大きな影響を受けてここに至っているんだなとぼんやりと印象を持っていただいたのではないかと思います。筆者としては読み終えて、「あぁ面白かった」だけで終わらないことを願っています。何か皆さんの中に火種でも、モヤモヤでも、何かのこるといいなぁと思います。

ここではちょっとだけ、その対処法を書いてみます。

1 もっと知りたい

巻末の参考文献を読んでもっと深めてみるのもいいでしょう。YouTubeの大阪市立自然史博物館チャンネルでは2016年の特別展「氷河時代」の筆者たちによるギャラリートークの動画も見ることができます。他にも「大阪アンダーグラウンド」展関係の動画などもあります。

2 リアルに見てみたい

お近くの自然史系の展示のある博物館へ出かけてみましょう。また博物館ではいろいろな観察会や講座も開催しています。興味のあるものを見つけて参加してみましょう。入り口は何でもよいのです、格好いい化石、かわいいお花、すごい昆虫。興味を持ってコミュニティに参加してみるとどこかで話題は気候変動ともつながっています。リピートして学びたいのなら「友の会」などに参加することもおすすめです。参加を繰り返すと、友達もできてくることでしょう。博物館だけでなく地域で観察会活動をしている市民団体も数多くあります。気候ネットなど、温暖化対策を扱う市民団体もあります。小さなレフュージアとしても機能しそうな湿地や社寺林を保全する活動を手がけている団体も数多くあります。

3 誰かと一緒に、誰かに話して

上述のようなイベントへ参加するのに、一人だと……という人はぜひ友達や家族を巻き込みましょう。この本を薦めてみたり、一緒に博物館を訪ねたり。おもしろい配信コンテンツをシェアしたり。誰かを巻き込むこと、シェアすることも立派な行動の第一歩です。

（佐久間大輔）

大阪市立自然史博物館 YouTube チャンネル（https://www.youtube.com/c/大阪市立自然史博物館）。氷河時代展のギャラリートークは再生リストから。

観察会の一コマ。生き物や自然にもっと詳しくなれるチャンス！

エピローグ

過去を知り、これからを考えるために

258万年前から現在も続く氷河時代を、大阪平野の地層やそこから見つかる化石、現在の生き物たちの標本を中心に展示して、振り返ってみた。現在の自然が、気候変動の中で形作られてきたことがわかる。

地球ができて以降の気候変動も、まとめてみた。そうすると過去の地球の気候は一定であったわけではなく、北半球の日照量、大陸の移動と海流、地球上の氷の量と太陽光の反射の割合、温室効果ガスなど、様々な要素の組み合わせで大きく変化してきたことがわかる。また、気候変動の影響は、氷河の大きさ、海面の高さ、地形や地層、生き物の分布、さらには同位体の量比など、思わぬ所に及んできた。気候変動は様々な要素が絡み合って起きる、非常に複雑なものであるといえる。

最近の約80万年に限ると、氷河時代の中でも、寒冷な氷期と温暖な間氷期が約10

万年周期で訪れ、現在は1万年続く間氷期であることがわかる。しかし今後はどうなるだろう。人類は、長い期間にわたって地中に保存されてきた化石燃料（それらは過去の生き物の遺骸が変化してできたものでもある）を燃やすことで大気中に二酸化炭素を増やし、ごく短期間に温室効果ガスによる気候温暖化を引き起こした。

本来であれば、数万年後に最盛期を迎える次の氷期に向けて寒冷化が始まっていても不思議ではない時期である。温室効果ガスの影響が長く続くので次の氷期はスキップされ十数万年後まで氷期が来ない、氷期・間氷期の変動より短い期間に起きる激しい気候変動が起きるかもしれない、そもそも氷河時代が終わってしまう、など予測が大変難しい状態にあるのではないだろうか。

地球温暖化だけではなく、大量絶滅、外来生物の問題なども、人間の活動が自然に大きな影響を及ぼしたことによる。

過去の自然を知り、現在の自然に与えた影響を知ることが、この先人間はどのように生きていくのがよいか考え、暮らしを変えるきっかけになれば幸いである。

おわりに

「氷河時代」展を開催した２０１６年の夏は、暑かった。本書が出る２０２３年の夏は、さらに暑かった。本書では気候変動と異常気象は別のものであると解説したが、数十年後に21世紀の最初の四半世紀の間に平均気温が上昇していたことがわかり、「あの頃は地球温暖化が著しかった」と教科書などに書かれるかもしれない。

２０２３年7月には「人新世」という地質年代の国際標準模式地の候補が、カナダ・オンタリオ州のクロフォード湖に絞られたことがニュースになった。「氷河時代」展が行われた２０１６年当時は、「人新世」という言葉は存在していたものの、それほど大きな話題になっていなかった。２０２０年前後から「人新世」がタイトルに入った本が出版されるようになり、一般の人にも知られるようになった。

約１万１７００年前に最終氷期が終わり、その後の時代を完新世と呼ぶことは本書でも紹介した。従来の考えでは現代は完新世に含まれるが、現代は人類の活動が地層にまで大きな影響を与える「人新世」という別の時代なのではないかという議論が、21世紀初頭から行われてきた。「人新世」は、地球温暖化やその主な原因となる二酸化炭素濃度だけでなく、プラスチックなどの人工物質、放射性物質、外来生物、生物の絶滅などが地層中の指標となるとされた。始まりの時期には産業革命の時期や１９５０年頃などいくつかの候補があったが、最近の議論で１９５０年頃とされた。「完新世」「更新世」などの地質時代は、国際地質科学連合で議論をし、その時代の始まりの地層の境界が観察できる場所をいくつか候補に挙げ、最もふさわしいものを選んで決める。「人新世」についても同様の方法で選定が進められた。

「人新世」という地質時代は非常に短期間であり、地質学上どれくらい実用的で意味があるかは問題である。一方で人類学や生態学、科学技術史、経済学や政治学、哲学などの様々な分野ですでに「人新世」が議論されている。後追いではあるが地質学的に「人新世」を定義しようとしているのだ。

「氷河時代」展では、「人新世」という言葉こそ使用しなかったが、これまでの気候変動とその結果の自然環境を紹介し、それと現在の地球温暖化問題を対比して、最後のパネルで「次に来るはずの氷期が来ないかもしれないという説もあります。」と結んだ。２０１６年当時としては十分な問題提起だったと思う。

「氷河時代」展では、大阪大学学術総合博物館、大阪文化財研究所、きしわだ自然資料館、群馬県立自然史博物館、国立科学博物館、滋賀県立琵琶湖博物館、国立極地研究所、富山県立山カルデラ砂防博物館、奈良文化財研究所、福井県、福井県里山里海湖研究所等からの借用資料に加え、当館が独自に収集してきた動物・植物・昆虫などの現生生物標本や、化石や岩石、ボーリングコア、地層の剝ぎ取り標本などの地質資料を展示した。当館の学芸員がほぼ全員何らかの形で関わって作り上げた特別展であった。新たな書籍を通じて、改めて「氷河時代」展を多くの人に知ってもらえるのは、大変うれしいことである。

執筆者紹介（五十音順）

石井 陽子

大阪市立自然史博物館・学芸員（1997 年〜）。専門は、第四紀地質学。大阪平野のボーリングコアの収蔵、展示、普及教育での活用を行う。2016 年度特別展「氷河時代」の主担当者。他に、2021 年度特別展「大阪アンダーグラウンド」、2022 年度特別展「大阪アンダーグラウンドリターンズ」の主担当者でもある。<はじめに、プロローグ、第 2 章、第 3 章、[トピックス] 氷河時代展ポスターのヒミツ、おわりに>

川端 清司

大阪市立自然史博物館・館長（2019 年〜。1987 年より大阪市立自然史博物館学芸員)。専門は、地質学、博物館学。赤石岳以南の南アルプス・四万十帯の地質調査から研究者の道を歩みはじめた。著書に「自然散策が楽しくなる！ 岩石・鉱物図鑑（監修)」(池田書店 2021)、「関西自然史ハイキング（共著)」(創元社 1998）のほか、大阪市立自然史博物館発行の解説書多数。<［トピックス］ふりかえり！地球の気候変動①②>

佐久間 大輔

大阪市立自然史博物館・学芸課長（2020 年〜。1996 年より大阪市立自然史博物館学芸員)。専門は、植物・菌類生態学、博物館経営論。里山利用の歴史とそこに住む生物の保全、菌根と呼ばれる植物と菌類の共生現象、博物館への市民参画などを研究対象としている。主な著書「きのこの教科書」(山と溪谷社 2019)、「里と林の環境史」(分担執筆、文一総合出版 2011）など。<第 4 章、第 6 章、［トピックス］気候変動、気になったらその次に、エピローグ>

初宿 成彦

大阪市立自然史博物館・外来研究員。1993 年から 2022 年まで、大阪市立自然史博物館学芸員。追手門学院大学非常勤講師（生命の科学)、アメリカ農務省森林局ツガ害虫防除コンサルタント。個人事業「窓蛍舎」代表。専門は、昆虫学（主に甲虫類、昆虫化石、セミ、カサアブラムシ)。<第 3 章、［トピックス］氷河地形模型の作り方、第 5 章>

田中 嘉寛

大阪市立自然史博物館・学芸員（2017 年〜)。北海道大学博物館資料部・研究員。沼田町化石館・特別学芸員。甲南大学・非常勤講師。ニュージーランド、オタゴ大学で初期のイルカの進化を研究し博士号（Ph. D.）を取得。専門は、水生哺乳類の化石をつかった進化の研究（古生物学)。最近では、大阪層群初のヒゲクジラを発表し、北海道のヌマタナガスクジラ、タイキケトゥス、フカガワクジラを新属新種として命名した。<第 3 章>

中条 武司

大阪市立自然史博物館・学芸課長代理（2022 年〜。1999 年より大阪市立自然史博物館学芸員）。1999 年大阪市立大学理学研究科地質学専攻後期博士課程修了。博士（理学）。専門は、地質学、特に堆積地質学。三角州、干潟、砂浜などの地形および地層形成や大阪平野の地形復元などを主な研究対象としている。著書に「都市の水資源と地下水の未来」（分担執筆、京都大学出版会 2011）、「フィールドマニュアル　図説　堆積構造の世界」（分担執筆、朝倉書店 2022）などのほか、大阪市立自然史博物館発行の解説書多数。＜第 3 章、［トピックス］ふりかえり！地球の気候変動②＞

西野 萌

大阪市立自然史博物館・学芸員（2020 年〜）。専門は、古生物学（古植物学）。特に新生代中新世の日本の植物化石を対象に研究している。＜第 3 章＞

謝 辞

本書を作成するにあたり、下記の方に写真や図を提供いただいた。
この場を借りて御礼申し上げる。（五十音順、敬称略）

大阪公立大学附属植物園

大阪市立長居植物園

一般財団法人　大阪市文化財協会

橘高加奈子（認定 NPO 法人大阪自然史センター）

清川昌一（九州大学）

大学共同利用機関法人　情報・システム研究機構　国立極地研究所

樽野博幸（大阪市立自然史博物館・外来研究員〔元学芸員〕）

塚腰実（大阪市立自然史博物館・外来研究員〔元学芸員〕）

NASA（アメリカ航空宇宙局）

日本第四紀学会

福井県年縞博物館

松江実千代（大阪市立自然史博物館・外来研究員）

横川昌史（大阪市立自然史博物館・学芸員）

米澤里美（認定 NPO 法人大阪自然史センター）

約２万点の展示資料が語る自然史の世界

人間をとりまく「自然」について、その成り立ちやしくみ、移り変わりなどを、展示や普及活動、研究を通して広く伝えるミュージアム。

身近な自然から、地球と生命の歴史、生命の進化、さらに最新の自然環境の課題などが、約２万点の展示資料で描き出される。

特別展や観察会、講演会なども活発に行われ、積極的な取り組みで知られている。博物館を利用してさらに学びたい人には、「大阪市立自然史博物館友の会」をはじめとしたいろいろなサークルもあるので、興味のある人はのぞいてみよう。

ナウマンホール

ナウマンゾウとヤベオオツノジカの復元模型。足元をよく見ると地面に足跡がついている。これも足跡の化石から復元したものだ。かつてゾウが歩いていた時代の大阪に思いをはせてみよう。

エントランス

ナガスクジラ、マッコウクジラ、ザトウクジラの骨格標本がお出迎え。いずれも大阪府内の海岸や港に漂着したもの。大阪の海もクジラが泳ぐような大自然とつながっていることを実感させてくれる。

氷河時代や大阪層群の展示はコチラ！

第２展示室「地球と生命の歴史」

日本列島そして地球のおいたちと、そこに現れた生き物の歴史をたどっていく。恐竜やケナガマンモスなどの骨格標本は、子どもたちの注目の的。今の大阪平野がどのように誕生したのかもわかる。

第１展示室「身近な自然」

都市や町、村、里山などの身近な自然を取り上げている。外来生物が与える影響や、保護が必要な生き物についての展示も。身近な自然がどのように変化していっているのかを知ることは、よりよい生活環境を維持するためにも大切だ。

大阪市立自然史博物館

Osaka Museum of Natural History

第４展示室「生物の多様性」

自然のめぐみでささえられている私たちの生活。食用植物とそのふるさとをたどる。

第３展示室「生命の進化」

地球上は 200 万種とも 300 万種ともいわれる多様な生き物であふれている。さまざまな生き物の体のつくりやくらしから、その進化について考える。海の生き物や昆虫などの展示も充実！

「大阪の自然誌」展示室

大阪のどこでどんな自然が見られるかを紹介。博物館で学んでフィールドへ出かけよう。ミュージアムショップも充実していて有名。

第５展示室「生き物のくらし」

生き物は、複数の環境を上手に利用して、生き物同士のさまざまなつながりの中で生きている。里山環境を中心とした生き物のくらしをのぞいてみよう。

大阪市立自然史博物館

- 大阪市東住吉区長居公園1-23
- TEL／06-6697-6221（代表）
- 開館／【3月～10月】9:30～17:00（入場は16:30まで）
  【11月～2月】9:30～16:30（入場は16:00まで）
- 休館／毎週月曜日（休日の場合はその翌平日）年末年始（12月28日～1月4日）
- 入場料／大人300円、高校生・大学生200円、中学生以下無料

● 隣接の大阪市立長居植物園へも入場できます。
● 特別展は催し物により入場料が異なります。

- ホームページ　https://www.omnh.jp/
- ネットショップ　https://omnh-shop.ocnk.net/

アクセス

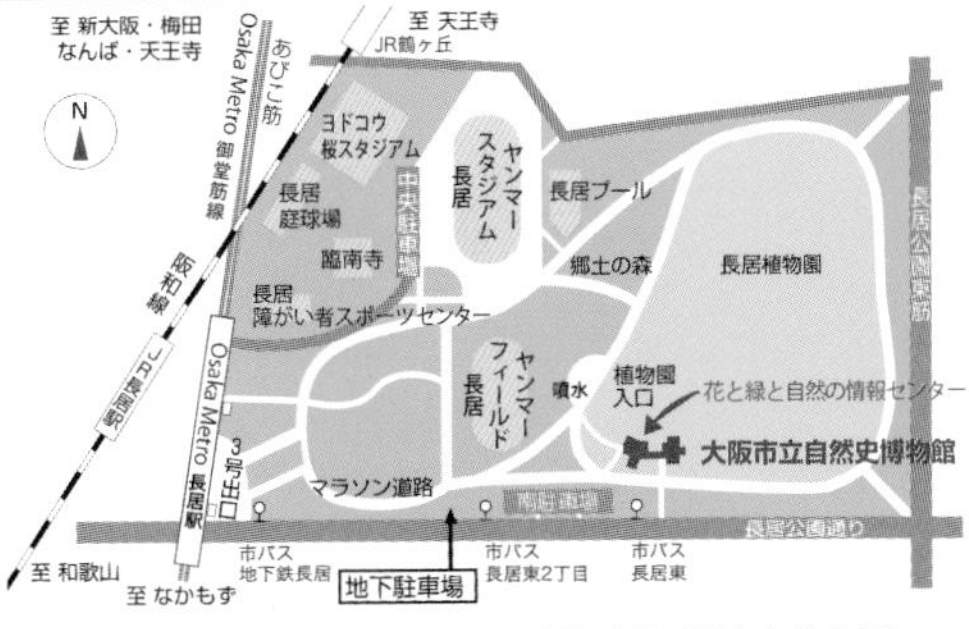

Osaka Metro 御堂筋線長居駅から約800m、JR 阪和線長居駅から約 1km

参考文献・引用文献（アルファベット順）

全体・複数の章に関連するもの

◉秋山雅彦（2012）気候変動の現在、過去そして近未来―地球温暖化問題を考える―．地学団体研究会 地団研ブックレットシリーズ 12：96pp.

◉市原 実［編著］（1993）大阪層群．創元社．340pp.

◉人類紀自然学編集委員会（2007）人類紀自然学―地層に記録された人間と環境の歴史―．共立出版：312pp.

◉国立科学博物館［編］（2006）日本列島の自然史．東海大学出版会：336pp.

◉日本第四紀学会 50 周年電子出版編集委員会［編］（2009）デジタルブック最新第四紀学．日本第四紀学会：DVD 2394pp および概説集 30pp.

◉大河内直彦（2008）チェンジング・ブルー　気候変動の謎に迫る．岩波書店：346pp.

◉大阪市立自然史博物館［編］（2016）氷河時代―気候変動と大阪の自然―．第 47 回特別展「氷河時代」解説書：大阪市立自然史博物館：58pp.

◉湯本貴和・矢原徹一・松田裕之［編］（2011）環境史とは何か（シリーズ日本列島の三万五千年―人と自然の環境史）．文一総合出版：310pp.

第 2 章

◉岩田修二（2011）氷河地形学．東京大学出版会：387pp.

◉中川 毅（2015）時を刻む湖．岩波書店：122pp.

◉大阪市立自然史博物館［編］（2011）化石でたどる生命の歴史．第 42 回特別展「来て！　見て！　感激！　大化石展」解説書：大阪市立自然史博物館：48pp.

◉太田陽子・小池一之・鎮西清高・野上道男・町田 洋・松田時彦（2010）日本列島の地形学．東京大学出版会：204pp.

◉酒井治孝（2003）地球学入門．東海大学出版会：284pp.

◉多田隆治（2013）気候変動を理学する．みすず書房：287pp.

◉立山カルデラ砂防博物館（2010）「2010 年度特別展　立山の地形　氷河時代の立山」展示解説書．立山カルデラ砂防博物館．32pp.

第 3 章

◉趙 哲済（2014）難波砂州北部～天満砂州南端部の表層地質に関する覚え書．大阪上町台地の総合的研究：23-36.

◉ Gradstein, F. M. et. al. (2012) The Geologic Time Scale 2012. Elsevier. 1144pp.

◉林 成多・初宿成彦 (2003) 古琵琶湖層群の昆虫化石．Nature Study 49(4): 7-8.（大阪市立自然史博物館友の会）

◉梶山彦太郎・市原 実（1972）大阪平野の発達史―14C 年代データからみた―．地質学論集 7：101-112.

◉小林快次・江口太郎（2010）巨大絶滅生物　マチカネワニ化石．大阪大学出版会.

◉ Kobayashi, Y., Tomida, Y., Kamei, T. and Eguchi, T., (2006) : Anatomy of a Japanese tomistomine crocodylian, Toyotamaphimeia machikanensis (Kamei et Matsumoto, 1965), from the middle Pleistocene of Osaka Prefecture: the reassessment of its phylogenetic status within Crocodylia. National Science Museum Monographs. vol, 35, p. 1–121.

◉ Lisiecki, L. E. and Raymo, M. E. (2005) A Plopcene-Pleistocene stack pf 57 globally distributed benthic δ 18O records. Paleoceanography 20: PA1003.

◉三浦英樹・平川一臣（1995）北海道北・東部における化石凍結割れ目構造の起源．地学雑誌 104：189-224.

◉ Momohara, A. (2016) Stages of major floral change in Japan based on macrofossil evidence and their connection to climate and geomorphological change since the Pliocene. Quaternary International 397: 93-105.

◉百原 新（2017）鮮新・更新世の日本列島の地形発達と植生・植物相の変遷．第四紀研究 56：

◉日本第四紀学会 2003 年大阪大会実行委員会［編］（2003）大阪 100 万年の自然と人のくらし．日本第四紀学会：32pp.

◉大阪市文化財協会［編］（2008）大阪遺跡．創元社：286pp.

◉大阪文化財研究所（2011）大阪市浪速区恵美須遺跡発掘調査報告．大阪文化財研究所：100pp. および図版 30.

◉大阪市立自然史博物館（1981）河内平野の生いたち．大阪市立自然史博物館友の会：52pp.

◉大阪市立自然史博物館［編］（1986）展示解説．第 10 集：大阪市立自然史博物館：68pp.

◉大阪市立自然史博物館［編］（2002）化石からたどる植物の進化―陸に上がった植物のあゆみ―．第 31 回特別展「化石からたどる植物の進化」解説書：大阪自然史センター：40pp.

◉大阪市立自然史博物館［編］（2021）大阪地下のひみつ．第 51 回特別展「大阪アンダーグラウンド―掘ってわかった大地のひみつ」解説書：大阪市立自然史博物館：55pp.

◉初宿成彦（2012）昆虫化石から日本列島の氷河時代の気候を推定する．Nature Study 58(7): 7.（大阪市立自然史博物館友の会）

◉ Shiyake S, Fossil Insect Research Group for Nojiriko-Excavation (2014) Applying the Mutual Climatic Range method to the beetle assemblages in Japan using accurate data of climate and distribution of modern species. Quaternary International 341: 267-271.

◉ Tanaka, Y. and Taruno, H., (2019): The First Cetacean Record from the Osaka Group (Middle Pleistocene, Quaternary) in Osaka, Japan. Paleontological Research 23: 166–173.

◉吉川周作ほか（1998）大阪市津守・大手前・浜ボーリングコアの岩相・火山灰層序．地質学雑誌 104: 462-476.

p52 － 53 の図を作るにあたって参照した文献

◉本郷美佐緒（2009）大阪堆積盆地における中部更新統の花粉生層序と古環境変遷．地質学雑誌 115：64-79.

◉市原 実［編著］（1993）大阪層群．創元社．340pp.

◉小西省吾・吉川周作（1999）トウヨウゾウ・ナウマンゾウの日本列島への移入時期と陸橋形成．地球科学 53：125-134.

◉ Lisiecki, L. E. and Raymo, M. E. (2005) A Plopcene-Pleistocene stack pf 57 globally distributed benthic δ 18O records. Paleoceanography 20: PA1003.

◉村田 源（2005）日本の植物相と植生帯．分類 5（1）：1-8.

◉ Momohara, A. (2016) Stages of major floral change in Japan based on macrofossil evidence and their connection to climate and geomorphological change since the Pliocene. Quaternary International 397: 93-105.

◉ Satoguchi,Y. and Nagahashi, Y. (2012) Tephrostratigraphy of the Pliocene to Middle Pleistocene Series in Honshu and Kyusyu Islands, Japan. Island Arc 21: 149-169.

◉ Yoshikawa, S., Kawamura, Y., and Taruno, H. (2007) Land bridge formation and proboscidean immigration into the Japanese Islands during the Quaternary. Journal of Geosciences, Osaka City University 50: 1-6

◉吉川周作・三田村宗樹（1999）大阪平野第四系層序と深海底の酸素同位体比層序との対比．地質学雑誌 105：332-340.

第 4 章

◉福嶋 司［編］（2017）図説　日本の植生　第 2 版．朝倉書店：196pp.

◉深泥池七人委員会編集部会［編］（2008）深泥池の自然と暮らし―生態系管理をめざして．サンライズ出版：247pp.

◉柴田叡弌・日野輝明［編］（2009）大台ケ原の自然誌：森の中のシカをめぐる生物間相互作用．東海大学出版会：300pp.

◉湯本貴和・大住克博［編］（2011）里と林の環境史（シリーズ日本列島の三万五千年―人と自然の環境史）．文一総合出版：284pp.

◉安田喜憲・三好教夫［編］（1998）図説　日本列島植生史．朝倉書店：302pp.

P72–73 の図を作るにあたって参照した文献

◉亀井節夫・ウルム氷期以降の生物地理総研グループ（1981）最終氷期における日本列島の動・植物相．第四紀研究 20(3)：191-205.

◉那須孝悌（1980）ウルム氷期最盛期の古植生について．昭和 54 年度文部省科学研究費補助金（総合研究 A）研究成果報告書「ウルム氷期以降の生物地理に関する総合研究」：55-66.

P76–77 の図を作るにあたって参照した文献

◉北川陽一郎・吉川周作・高原 光（2009）夢洲沖コアの花粉分析に基づく大阪湾集水域における完新世の植生変遷．第四紀研究 48(5): 351-363.

P80–81 の図を作るにあたって参照した文献

◉堀田 満（1980）日本列島及び近接東アジア地域の植生図について．昭和 54 年度文部省科学研究費補助金（総合研究 A）研究成果報告書「ウルム氷期以降の生物地理に関する総合研究」：39-54.

◉ Hou Xue-Yu (1983) Vegetation of China With Reference to Its Geographical Distribution. Annals of the Missouri Botanical Garden 70(3)：509-549.

◉野嵜玲児・奥富 清（1990）東日本における中間温帯性自然林の地理的分布とその森林帯的位置づけ．日本生態学会誌 40(2)：57-69.

◉ Walter, H. (1973) Vegetation of the earth in relation to climate ad the eco-physiological conditions. The English Universities Press Ltd. London, Springer Verlag New York—Heidelberg—Berlin: 237pp.

◉ Wolfe, J. A. (1979) Temperature parameters of humid to mesic forests of eastern Asia and relation to forests of other regions of the northern hemisphere and Australasia. USGS Professional Paper No.1106. US Govt. Print. Off: 37 pp.

◉ Yim, Y. J. (1977) Distribution of forest vegetation and climate in the Korean peninsula, 3: Distribution of tree species along the thermal gradient. Japanese Journal of Ecology 27(4): 269-278.

◉ Yim, Y. J., and Kira, T. (1975) Distribution of forest vegetation and climate in the Korean Peninsula: I. Some indices of thermal climate. Japanese Journal of Ecology, 25(2), 77-88.

◉吉岡邦二（1973）植物地理学．共立出版：84pp.

第5章

◉重藤裕彬・末長晴輝・南 雅之・渡部晃平（2020）ヨツモンカメノコハムシの分布記録および日本国内，特に琉球列島における分布の現状．ホシザキグリーン財団研究報告（23）：227-243.

◉初宿成彦・Montgomery ME, Leschen R (2012) 2011 年に日本から記録された Laricobius 属３種について．さやばね (N.S) (5): 11-15.

第6章

◉気候変動に関する政府間パネル（IPCC）第６次評価報告書（AR6）サイクル 環境省　2021-2022 https://www.env.go.jp/earth/ipcc/6th/index.html（2023 年７月 16 日確認）

◉中川 毅（2017）人類と気候の 10 万年史　過去に何が起きたのか、これから何が起こるのか．講談社：224pp

◉大阪市立自然史博物館［編］（2011）第５展示室　生き物のくらし（展示解説 第 14 集）．大阪市立自然史博物館：60pp.

トピックス　ふりかえり！地球の気候変動①②

◉藤原慎一・林 昭次・塚腰 実［監修］（2014）特別展　恐竜戦国時代の覇者！　トリケラトプス〜知られざる大陸ララミディアでの攻防〜．読売新聞社：191pp.

◉ Hoffman P. F. et al. (1998) A Neoproterozoic Snowball Earth. Science. 281, 5381: 1342-1346.

◉住 明正・安成哲三・山形俊男・増田耕一・阿部彩子・増田富士雄・余田成男（1996）岩波講座地球惑星科学 11　気候変動論．岩波書店：272pp.

◉田近英一（2009）地球環境 46 億年の大変動史．化学同人：226pp.

◉田近英一（2009）凍った地球　スノーボールアースと生命進化の物語．新潮選書：195pp.

◉平 朝彦（2001）地質学１　地球のダイナミックス．岩波書店：296pp.

◉アルフレッド・ヴェーゲナー［著］・都城秋穂・紫藤文子［訳］（1981）大陸と海洋の起源（上）（下）．岩波文庫：244pp．および 249pp．（原著は 1929 年）

エピローグ

◉カート・ステージャ［著］・岸 由二［監修・解説］・小宮 繁［訳］（2012）10 万年後の未来地球史　気候、地形、生命はどうなるか？　日経 BP：446pp.

見るだけで楽しめる！
ニッポンの氷河時代 化石でたどる気候変動

2023年9月20日　初版印刷
2023年9月30日　初版発行

監　修 ――――――――――――大阪市立自然史博物館

発行者 ――――――――――――小野寺優

発行所 ――――――――――――株式会社河出書房新社
〒151-0051　東京都渋谷区千駄ヶ谷2-32-2
電話　03-3404-1201（営業）
　　　03-3404-8611（編集）
https://www.kawade.co.jp/

企画・構成 ――――――――――盛田真史

イラスト ―――――――――――もりのぶひさ

装丁・本文デザイン ――――――阿部ともみ［ESSSand］

印刷・製本 ――――――――――三松堂株式会社

Printed in Japan
ISBN978-4-309-22897-6